液压系统装调与维护

主　编　蒋召杰
副主编　单均镇　陆升起
参　编　陆宏飞　卢相昆

机　械　工　业　出　版　社

本教材是根据教育部公布的中等职业学校相关专业教学标准编写而成的。本教材包括 7 个典型工作任务,分别为液压传动系统基础知识、液压传动系统方向控制回路的安装与调试、液压传动系统压力控制回路的安装与调试、液压传动系统流量控制回路的安装与调试、液压传动系统多缸顺序动作控制回路的安装与调试、电气与液压综合控制回路的安装与调试、液压系统泄漏故障维修。

本教材可作为技工学校、职业学院机械制造技术、机械加工技术、机电技术应用等专业的教材,也可作为机械行业相关技术人员的岗位培训教材及工程技术人员自学用书。

图书在版编目(CIP)数据

液压系统装调与维护/蒋召杰主编. —北京:机械工业出版社,2018.2(2024.8重印)

ISBN 978-7-111-58825-2

Ⅰ.①液… Ⅱ.①蒋… Ⅲ.①液压系统 – 装配(机械)②液压系统 – 调试方法③液压系统 – 维修 Ⅳ.①TH137

中国版本图书馆 CIP 数据核字(2018)第 008416 号

机械工业出版社(北京市百万庄大街22号 邮政编码100037)

策划编辑:侯宪国 责任编辑:侯宪国

责任校对:张 薇 封面设计:路恩中

责任印制:刘 媛

涿州市般润文化传播有限公司印刷

2024 年 8 月第 1 版第 4 次印刷

184mm×260mm·9.75 印张·237 千字

标准书号:ISBN 978-7-111-58825-2

定价:39.80元

凡购本书,如有缺页、倒页、脱页,由本社发行部调换

电话服务 网络服务

服务咨询热线:010 – 88379833 机 工 官 网:www.cmpbook.com

读者购书热线:010 – 88379649 机 工 官 博:weibo.com/cmp1952

教育服务网:www.cmpedu.com

封面无防伪标均为盗版 金 书 网:www.golden – book.com

前　　言

《液压系统装调与维护》是以项目实践课题为主线，打破传统教材的知识体系，基于任务去整合相关知识点和技能点，根据"工作任务由简单到复杂，能力培养由单一到综合"的原则设计任务内容。本教材采用"学习任务要求""工作页""信息采集""知识考核"等灵活的组织形式，让学生在回路或系统中认识液压元件，力求贯彻少而精的原则，体现实用性、先进性和实践性。

本教材在阐述液压技术基本概念的基础上，依据"以应用为目的，以必需、够用为度，以讲清概念、强化应用为教学重点"的原则，体现职业教育教学内容的实用性、先进性和实践性，突出对学生应用能力和综合素质的培养。

本教材将企业的典型工作任务转化到学习领域，结合以工作任务为导向的学习任务要求、工作页、信息采集、知识考核，加强学生创新能力的培养，并进一步提高学生独立从事液压相关工作的能力。教材中元器件的图形符号、回路以及系统原理图全部按照最新国家标准绘制。

本教材包括7个典型工作任务，分别为液压传动系统基础知识、液压传动系统方向控制回路的安装与调试、液压传动系统压力控制回路的安装与调试、液压传动系统流量控制回路的安装与调试、液压传动系统多缸顺序动作控制回路的安装与调试、电气与液压综合控制回路的安装与调试、液压系统泄漏故障维修。本教材可作为技工学校、职业学院机械制造技术、机械加工技术、机电技术应用等专业的教材，也可作为机械行业相关技术人员的岗位培训教材及工程技术人员自学用书。

本教材由蒋召杰任主编，单均镇、陆升起任副主编，陆宏飞、卢相昆参与编写，戴宽强、李超容负责审稿。

由于编者水平有限，书中不妥之处在所难免，恳请读者批评指正。

编　者

目　　录

任务1　液压传动系统基础知识

1.1　认识液压传动

1.1.1　任务说明

观察 M1432A 型万能外圆磨床的工作过程，重点观察其工作台实现纵向往复运动的方式。在实验台上操作由教师构建好的磨床工作台液压传动系统，控制其往复运动，调节其速度，了解系统的组成。我们把系统的组成元件归为以下四类：动力元件；执行元件；控制元件；辅助元件。

1.1.2　理论指导

1. 液压传动系统的组成

图 1-1 所示为 M1432A 型万能外圆磨床。它是应用最普遍的外圆磨床，主要用于磨削外圆柱面和圆锥面，还可以磨削内孔和台阶面等。磨床工作台纵向往复运动、砂轮架快速进退运动和尾座套筒缩回运动都是以油液为工作介质，使用液压传动系统来传递动力。那么，什么是液压传动系统呢？它是如何工作的呢？

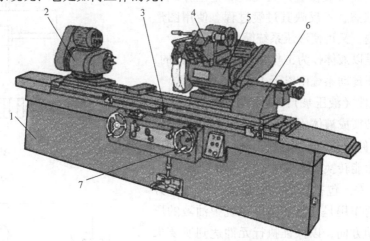

图 1-1　M1432A 型万能外圆磨床

1—床身　2—工件头架　3—工作台　4—内磨装置　5—砂轮架　6—尾座　7—控制箱

图 1-2a 所示为磨床工作台液压系统工作原理。液压泵 3 在电动机（图中未画出）的带动下旋转，油液由油箱 1 经过滤器 2 被吸入液压泵，然后液压油将通过节流阀 4 和换向阀 6，如果换向阀 6 此时处于图 1-2b 所示的状态，油液将进入液压缸 8 的左腔，推动活塞 9 和工作台 10 向右移动，液压缸 8 右腔的油液经换向阀 6 排回油箱。如果将换向阀 6 转换成图 1-2c 所示的状态，则液压油进入液压缸 8 的右腔，推动活塞 9 和工作台 10 向左移动，液压缸 8 左腔的油液经换向阀 6 排回油箱。工作台 10 的移动速度由节流阀 4 来调节。当节流阀开

度增大时，进入液压缸 8 的油液增多，工作台的移动速度增大；当节流阀开度减小时，工作台的移动速度减小。液压泵 3 输出的液压油除了进入节流阀 4 以外，还通过打开溢流阀 5 流回油箱。如果将换向阀 6 转换成图 1-2a 所示的状态，液压泵输出的油液经换向阀 6 流回油箱，这时工作台停止运动。

图 1-2 所示的液压系统图是一种半结构式的工作原理图。它比较直观，容易理解，但难于绘制。在实际工作中，除少数特殊情况外，一般都采用 GB/T 786.1—2009 所规定的液压图形符号来绘制，如图1-3所示。图形符号表示元件的功能，而不表示元件的具体结构和参数；反映各元件在油路连接上的相互关系，不反映其空间安装位置；只反映静止位置或初始位置的工作状态，不反映其过渡过程。使用图形符号既便于绘制，又可使液压系统简单明了。

液压传动是以液体作为工作介质来进行工作的，一个完整的液压传动系统由以下 4 部分组成。

1）动力元件（液压泵）：其功能是将原动机所输出的机械能转换成液体压力能，为系统提供动力。

2）执行元件（液压缸和液压马达）：它们的功能是把液体压力能转换成机械能，以驱动工作机构。

3）控制元件：包括压力阀、流量控制阀、方向阀等，它们的作用是控制和调节系统中油液的压力、流量和流动方向，以保证执行元件达到所要求的输出力（或力矩）、运动速度和运动方向。

4）辅助元件：保证系统正常工作所需要的辅助装置，如管道、管接头、油箱、过滤器等。

2. 液压传动系统的应用

液压传动由于具有重量轻、结构紧凑、惯性小、传递运动均匀平稳等优点，因此在国民经济各行业有着广泛的应用。表 1-1 列举了液压传动的部分应用实例。

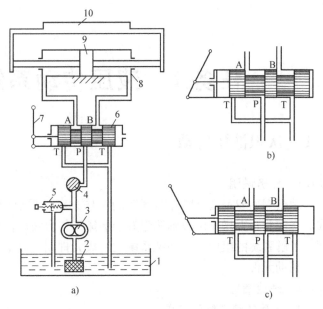

图 1-2 磨床工作台液压传动系统工作原理
1—油箱 2—过滤器 3—液压泵 4—节流阀 5—溢流阀
6—换向阀 7—手柄 8—液压缸 9—活塞 10—工作台

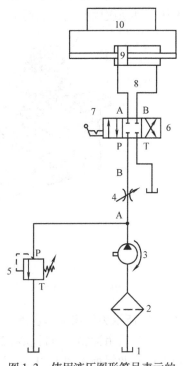

图 1-3 使用液压图形符号表示的
磨床工作台液压系统图
1—油箱 2—过滤器 3—液压泵 4—节流阀
5—溢流阀 6—换向阀 7—手柄
8—液压缸 9—活塞 10—工作台

表 1-1　液压传动的应用实例

应用领域	采用液压传动的机器设备和装置
机械制造业及汽车工业	铸造机器（离心铸造机等）、金属成形设备（液压机、折弯机、剪切机等）、焊接设备（焊接压涂机、自动缝焊机等）、汽车制造设备（汽车带轮旋压机、发动机气缸体加工机床等）、金属切削机床（数控车床或铣床等）
能源和冶金工业	电力行业（电站锅炉、电力导线压接钳等）、煤炭行业（煤炭液压支架）、石油天然气采探机械（石油钻机）
铁路和公路工程	铁路工程施工设备（铺轨机、路基渣石边坡整形机）、公路工程及运输（公交汽车、汽车维修举升机）
建材、建筑、工程机械及农林牧机械行业	建材行业（墙地砖压机）、建筑行业（混凝土泵、自动打桩机）、工程机械（沥青道路补修车、冲击压路机等）、农林牧机械（联合收割机、拖拉机、饲草打包机等）
家用电器与五金制造行业	家电行业（电冰箱压缩机）、五金行业（制钉机）

1.1.3　任务实施

观察 M1432A 型万能外圆磨床的工作过程后，操作实验台上由教师构建好的磨床工作台模拟控制系统，指出各组成部分的名称及作用。

（1）动力装置　液压泵在电动机的带动下转动，输出高压油，把电动机输出的机械能转换成液体压力能，为整个液压系统提供动力。

（2）执行装置　液压缸在高压油的推动下移动，可以对外输出推力，通过它把高压油的压力能释放出来，转换成机械能，实现工作台的移动。

（3）控制调节装置　换向阀可以控制油液的流动方向，从而控制液压缸的运动方向，最终控制工作台的运动。

（4）辅助装置　油箱、油管用来储存油液，是液压系统中不可缺少的元件。

1.1.4　知识拓展

【液压缸】

液压缸可按结构特点分为活塞式液压缸、柱塞式液压缸和摆动式液压缸三类，按其供油的不同分为单作用式和双作用式两种。其中，单作用式液压缸中的液压力只能使活塞（或柱塞）单方向运动，而反方向运动必须依靠外力（如弹簧力或自重等）实现；双作用式液压缸的液压力可实现两个方向运动。

1. 活塞式液压缸

活塞式液压缸有双活塞杆液压缸和单活塞杆液压缸两种。

（1）双活塞杆液压缸　双活塞杆液压缸的活塞两端都带有活塞杆，两端活塞杆的直径通常是相等的，如图 1-4 所示。其活塞两侧都可以被加压，因此它们都可以在两个方向上做功。

由于两边活塞杆直径相同，所以活塞两端的有效作用面积相同。若左右两端分别输入相同压力和流量的油液，则活塞上产生的推力和往复速度也相同。这种液压缸常用于往返速度相同且推力不大的场合，如用来驱动外圆磨床的工作台等。

（2）单活塞杆液压缸　单活塞杆液压缸的活塞仅一端带有活塞杆，活塞两端的有效作用面积不等，如果相同流量的液压油分别进入液压缸的左、右腔，活塞移动的速度和在活塞上产生的推力是不一样的。其结构图如图 1-5 所示。

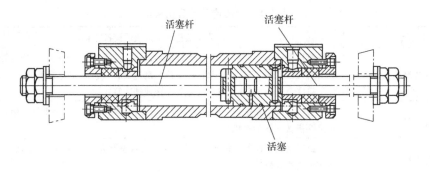

图 1-4　双活塞杆液压缸

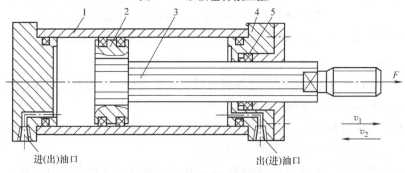

图 1-5　单活塞杆液压缸

1—缸筒　2—活塞　3—活塞杆　4—缸盖　5—密封圈

2. 柱塞式液压缸

图 1-6 所示为柱塞式液压缸的结构简图。柱塞式液压缸由缸筒、柱塞、导向套、密封圈和压盖等零件组成。柱塞和缸筒内壁不接触，因此缸筒内孔不需精加工，工艺性好，成本低。柱塞式液压缸是单作用的，它的回程需要借助自重或弹簧等外力来完成。如果要获得双向运动，可将两个柱塞式液压缸成对使用。柱塞端面是受压面，其面积决定了柱塞缸的输出速度和推力。为保证柱塞式液压缸有足够的推力和稳定性，一般柱塞较粗，重量较重，水平安装时易产生单边磨损，故柱塞式液压缸适宜垂直安装使用。为减轻柱塞的重量，有时制成空心柱塞。

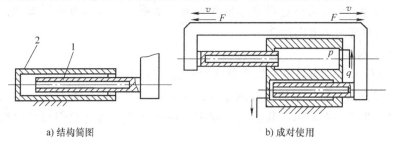

a) 结构简图　　　　　　　b) 成对使用

图 1-6　柱塞式液压缸的结构简图

1—柱塞　2—缸筒

柱塞式液压缸结构简单，制造方便，常用于工作行程较长的场合，如大型拉床、矿用液压支架等。

3. 摆动式液压缸

摆动式液压缸能实现小于 360° 的往复摆动。它由于直接输出转矩，故又称为摆动液压马达，主要有单叶片式和双叶片式两种结构。

图 1-7 所示为单叶片式摆动液压缸。它的摆动角较大，可达 300°。单叶片式摆动液压缸主要由定子块 1、缸体 2、摆动轴 3、叶片 4 等零件组成。两个工作腔之间的密封靠叶片和隔板外缘所嵌的框形密封件来保证。定子块固定在缸体上，而叶片和摆动轴连接在一起。当两油口相继通过液压油时，叶片即带动摆动轴做往复摆动。

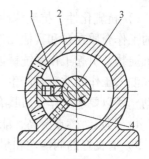

摆动式液压缸结构紧凑，输出转矩大，单密封困难，一般只用于中、低压系统中往复摆动、转位或间歇运动的地方。

图 1-7　单叶片式摆动液压缸
1—定子块　2—缸体
3—摆动轴　4—叶片

1.2　认识液压油

1.2.1　任务说明

观察 M1432A 型万能外圆磨床的工作过程，操作由教师搭建好的磨床工作台液压传动系统，根据现场工作情况及液压油的特性，能选择合适的液压油作为系统的工作介质。

1.2.2　理论指导

液压传动是以液体作为工作介质来进行能量传递的。液压工作介质一般称为液压油（有部分液压介质不含油的成分）。

1. 液压介质特性

液压介质的性能对液压系统的工作状态有很大影响。对液压系统工作介质的基本要求如下：

1）有适当的黏度和良好的黏温特性。液体在外力作用下流动时，分子间的内聚力要阻止分子间的相对运动而产生一种内摩擦力，这一特性为液体的黏性。液体只在流动时才呈现黏性，而静止液体不呈现黏性。液压油的黏性对减少间隙的泄漏、保证液压元件的密封性能都起着重要作用。

液体黏性的大小用黏度来表示。黏度是选择工作介质的首要因素，黏度过高，各部件运动阻力增加，温升快，泵的自吸能力下降，同时，管道压力降和功率损失增大；反之，黏度过低会增加系统的泄漏，并使液压油膜支承能力下降而导致摩擦副间产生摩擦。所以工作介质要有合适的黏度范围，同时在温度、压力变化下和剪切力作用下，油的黏度变化要小。

液压介质黏度用运动黏度表示，在国际单位制中的单位是 m^2/s，而实际常用油的黏度 cSt（厘斯）表示，其关系为 $1m^2/s = 10^6 cSt$。

所有工作介质的黏度都随温度的升高而降低，黏温特性好是指工作介质的黏度随温度变化小，黏温特性通常用黏度指数表示。一般情况下，在高压或者高温条件下工作时，为了获得较高的容积效率，不应使用黏度过低的液压油，应采用高牌号液压油；低温时或泵的吸入条件不好时（压力低，阻力大），应采用低牌号，也就是黏度比较低的液压油。

2）氧化安定性和剪切安定性好。工作介质与空气接触，特别是在高温、高压下容易氧化、变质。氧化后酸值增加会增强腐蚀性，氧化生成的黏稠状油泥会堵塞过滤器，妨碍部件的动作以及降低系统效率。因此，要求它具有良好的氧化安定性和热安定性。

剪切安定性是指工作介质通过液压节流间隙时，要经受剧烈的剪切作用，会使一些聚合型增黏剂高分子断裂，造成黏度永久性下降，在高压、高速时，这种情况尤为严重。所以为延长使用寿命，要求剪切安定性好。

3）抗乳化性、抗泡沫性好。工作介质在工作过程中可能混入水或出现凝结水。混有水分的工作介质在泵和其他元件的长期剧烈搅拌下，易形成乳化液，使工作介质水解变质或生成沉淀物，引起工作系统锈蚀或腐蚀，所以要求工作介质有良好的抗乳化性。抗泡沫性是指空气混入工作介质后会产生气泡，混有气泡的介质在液压系统内循环，会产生异常的噪声、振动，所以要求工作介质具有良好的抗泡沫性和空气释放能力。

4）闪点、燃点要高，能防火、防爆。

5）有良好的润滑性和耐蚀性，不腐蚀金属和密封件。

6）对人体无害，成本低。

2. 液压介质的分类

液压传动介质按照 GB/T 7631.2—2003（等效采用 ISO 6743—4）进行分类，主要有石油型、乳化型和合成型三大类。

1.2.3 任务实施

液压油的选用包含两个方面：品种和黏度。选用液压油时，一般根据液压元件产品样本和说明书所推荐的工作介质来选，或者根据液压系统的工作条件（系统压力、运动速度、工作温度、工作环境等）来选择。当确定液压油品种后，再选择液压油的黏度，同时注意液压系统的特殊要求。例如，在低温条件下工作的系统宜选用黏度较低的液压油，高压系统则选择抗磨性好的液压油。当系统的工作压力较高、环境温度较高、工作部件运动速度较低时，为了减少系统的泄漏，宜选用黏度较高的液压油；工作压力较低、环境温度较低、运动速度较高时，为了减少系统的功率损失，宜选用黏度较低的液压油。

根据表 1-2 所给的液压传动介质简介，结合 M1432A 型万能外圆磨床的工作情况，选择合适的液压油作为该系统的工作介质。

表 1-2 液压系统工作介质分类（GB/T7631.2—2003）

分类	名称	代号	组成和特性	应用
石油型	抗氧防锈液压油	L—HL	HH 油，并改善其防锈和抗氧性	一般的液压系统
	抗磨液压油	L—HM	HL 油，并改善其耐磨性	适用于高、中、低液压系统，特别适用于有防磨要求、带叶片泵的液压系统
	低温液压油	L—HV	HM 油，并改善其黏温特性	能在 -40 ~ -20℃ 的低温环境下工作，用于户外工作的各种工程机械和船用设备的液压系统
	高黏度指数液压油	L—HR	HL 油，并改善其黏温特性	黏温特性优于 L—HV 油，用于数控机床液压系统和伺服系统
	液压导轨油	L—HG	HM 油，并具有抗黏滑特性	适用于液压系统和导轨润滑共用一种油品的机床，对导轨有良好的润滑性
乳化型	水包油型乳化液	L—HFAE	需要难燃液压油的场合	系统压力不高于 7MPa，适用于液压支架及用量特别大的液压系统
	油包水乳化液	L—HFB		性能接近液压油，使用油温不高于 65℃
合成型	含聚合物水溶液	L—HFC		系统压力低于 14MPa，工作温度在 -20 ~ 50℃ 时使用，适用于飞机液压系统
	磷酸酯无水合成液	L—HFDR		适用于冶金设备、汽轮机等高温、高压系统和大型民航客机的液压系统

1.2.4   知识拓展

【液压油的污染与控制】

液压油的污染是液压系统发生故障的主要原因，液压系统的故障有 75% 以上是由于工作介质污染引起的。它严重影响液压系统的可靠性及液压元件的寿命，因此液压油的正确使用、管理以及污染控制，是提高液压系统的可靠性及延长液压元件使用寿命的重要方法。

1. 液压油的污染及危害

液压油污染是指液压油中含有水分、空气、微小固体颗粒及胶质状生成物等杂质。液压油污染后将产生以下危害：

1）堵塞过滤器，使液压泵吸油困难，产生噪声。

2）堵塞阀类元件的小孔或缝隙，使阀动作失灵。

3）微小固体颗粒还会加剧零件磨损，擦伤密封件，使泄漏增加。

4）水分和空气的混入会降低液压油的润滑能力，加速氧化变质，产生气蚀，还会使液压系统出现振动、爬行等现象。

2. 液压油污染的原因

液压油的污染物主要来源于外界侵入和使用中产生两个方面。外界侵入主要有液压装置组装时的残留物，从周围环境中混入的空气、尘埃等。使用中产生的污染物主要是金属微粒、锈斑、液压油变质后的胶状物等。

3. 液压油污染的控制

为了保证液压系统可靠工作，防止液压油污染，在实际工作中可采用下列措施来控制污染：

1）严格清洗元件和系统。

2）尽量减少外来污染物。液压油必须经过过滤器注入，油箱通大气处要增加空气过滤器，液压缸活塞杆端部应装防尘密封。

3）控制液压油的温度，一般系统的工作温度应控制在 65℃ 以下，机床液压系统则应控制在 55℃ 以下。

4）采用高性能的过滤器，并定期检查、清洗和更换滤芯。

5）定期检查和更换液压油。应根据液压设备使用说明书要求和维护保养规程，定期检查更换液压油，换油时应将油箱和管道清洗干净。

1.3   认识液压传动的压力和流量

1.3.1   任务说明

操作由教师在实验台上连接的图 1-3 所示的磨床工作台液压系统，观察液压缸在不同速度和不同负载情况下的运动规律。

1.3.2   理论指导

物理学将单位面积上所承受的法向力定义为压强，在液压技术中习惯称之为压力。用符号 p 来表示压力。

1. 压力的表示

根据度量标准的不同，液体压力分为绝对压力和相对压力。以绝对真空为基准来度量的

液体压力，称为绝对压力；以大气压为基准来度量的液体压力，称为相对压力。相对压力也称表压力。它们与大气的关系为

$$绝对压力 = 相对压力 + 大气压力$$

在一般的液压系统中，某点的压力通常是指表压力；凡是用压力表测出的压力，都是指表压力，如图1-8所示。

若某液压系统中绝对压力小于大气压力，则称该点出现了真空，其真空的程度用真空度表示：

$$真空度 = 大气压力 - 绝对压力$$

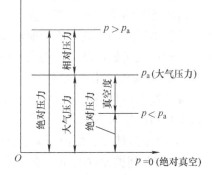

图1-8　压力的度量

2. 流速与流量

油液在管道中流动时，与其流动方向垂直的截面称为通流截面（或过流断面）。

液压传动是靠流动着的有压油液来传递动力，油液在油管或液压缸内流动的快慢称为流速。因为液体有黏度，流动的液体在油管或液压缸截面上每一点的速度并不完全相等，因此通常说的流速都是平均值。流速用 v 表示，其单位为 m/s。

单位时间内流过某通流截面的液体的体积称为流量，用 q 表示，其单位为 m^3/s。

1.3.3　任务实施

控制由教师在实验台上连接好的图1-3所示的液压传动系统，改变液压缸的负载，观察压力表的变化；调节节流阀的开度，观察速度和流量表的变化。

1）给液压缸从零开始逐步加载。可以看到，当 $F = 0N$ 时，即没有负载时，压力也就不存在；负载增大，泵的输出压力（即工作压力）也随之增大，说明泵的工作压力取决于工作负载。

2）从零开始逐步打开节流阀。可以看到，当流量 $q = 0m^3/s$ 时，液压缸的速度 $v = 0m/s$，即没有流量就没有速度；q 增大时，v 也随之增大。也就是说，速度取决于流进液压缸工作腔内的液体流量。

1.3.4　知识拓展

【流体传动的工作原理】

液压与气压传动的工作原理基本相似。图1-9所示为手动液压千斤顶工作原理，以它为例说明液压与气压传动的工作原理。千斤顶中由大缸体5和大活塞6组成举升液压缸，由手动杠杆4、小缸体3、小活塞2、进油单向阀1和排油单向阀7组成手动液压泵。

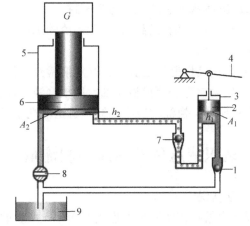

图1-9　手动液压千斤顶工作原理
1—进油单向阀　2—小活塞　3—小缸体　4—手动杠杆
5—大缸体　6—大活塞　7—排油单向阀　8—截止阀　9—油箱
h_1—小缸体内油液高度　h_2—大缸体内油液高度（抬起重物高度）
A_1—小活塞面积　A_2—大活塞面积

摇动手动杠杆，使小活塞做往复运动。小活塞上移时，泵腔内的容积扩大而形成真空，油箱中的油液在大气压力的作用下，经进油单向阀1进入泵腔内；小活塞下移时，泵腔内的

油液顶开排油单向阀7进入液压缸内使大活塞带动重物一起上升。反复上下摇动杠杆，重物就会逐步升起。手动液压泵停止工作，大活塞停止运动；打开截止阀8，油液在重力的作用下排回油箱，大活塞落回原位。这就是手动液压千斤顶的工作原理。

下面分析液压千斤顶两活塞之间力的关系、运动关系和功率关系，说明液压传动的基本特征。

1. 力的关系

当大活塞上有重物负载时，其下腔的油液将产生一定的液体压力 p，即

$$p = G/A^2 \tag{1-1}$$

在千斤顶工作时，从小活塞到大活塞之间形成了密封的工作容积，根据帕斯卡原理（在密闭容器中由外力作用在液体的表面上的压力可以等值地传递到液体内部的所有各点），要顶起重物，在小活塞下腔就必须产生一个等值的压力 p，即小活塞上施加的力为

$$F_1 = A_1 G/A_2 \tag{1-2}$$

可见在活塞面积 A_1、A_2 一定的情况下，液体压力 p 取决于举升的重物负载，而手动泵上的作用力 F_1 则取决于压力 p。所以，被举升的重物负载越大，液体压力 p 越高，手动泵上所需的作用力 F_1 也就越大；反之，如果空载工作，且不计摩擦力，则液体压力 p 和手动泵上的作用力 F_1 都为零。液压传动的这一特性，可以简略地表述为"工作压力取决于工作负载"。

2. 运动关系

由于小活塞到大活塞之间为密封工作容积，根据质量守恒定律，小活塞向下压出油液的体积必然等于大活塞向上升起时流入的油液体积，即

$$V = A_1 h_1 = A_2 h_2 \tag{1-3}$$

上式两端同时除以活塞移动时间 t，得

$$q = v_1 A_1 = v_2 A_2 \tag{1-4}$$

或

$$v_2 = A_1 v_1 / A_2 = q/A_2 \tag{1-5}$$

式中，$q = v_1 A_1 = v_2 A_2$，表示单位时间内液体流过某截面的体积。由于活塞面积 A_1、A_2 已定，所以大活塞的移动速度 v_1 只取决于进入液压缸的油液流量 q。这样，进入液压缸的油液流量越大，大活塞的移动速度 v_1 也就越高。液压传动的这一特性，可以简略地表述为"速度取决于流量"。

这里要指出的是，以上两个特征是独立存在的，互不影响。不管液压千斤顶的负载如何变化，只要供给的流量一定，活塞推动负载上升的运动速度就一定；同样，不管液压缸的活塞移动速度怎样，只要负载一定，推动负载所需的液体压力则确定不变。

3. 功率关系

若不考虑各种能量损失，手动泵的输入功率等于液压缸的输出功率，即

$$F_1 v_1 = G v_2 \tag{1-6}$$

或

$$P = p A_1 v_1 = p A_2 v_2 = pq \tag{1-7}$$

可见，液压传动的功率 P 可以用液体压力 p 和流量 q 的乘积来表示。压力 p 和流量 q 是液压传动中最基本、最重要的两个参数。

上述千斤顶的工作过程，就是将手动机械能转换为液体压力能，又将液体压力能转换为机械能输出的过程。

综上所述，可归纳出液压传动的基本特征是：以液体为工作介质，依靠处于密封工作容积内的液体压力能来传递能量；压力的高低取决于负载；负载速度的传递是按容积变化相等的原则进行的，速度的大小取决于流量；压力和流量是液压传动中最基本、最重要的两个参数。

【流体静力学】

流体静力学是研究液体处于相对平衡状态下的力学规律和对这些规律的实际应用。

这里所说的相对平衡是指液体内部质点与质点之间没有相对位移；至于液体整体，可以处于静止状态，也可以如刚体一样随同容器做各种运动。

在相对平衡的状态下，外力作用于静止液体内的力是法向的压应力，称为静压力。

在密闭容器中由外力作用在液体表面上的压力可以等值地传递到液体内部的所有质点，这就是著名的帕斯卡原理，或称为静压力传递原理。

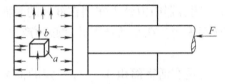

图 1-10　液体质点受力分析图

如图 1-10 所示，油液充满于密闭的液压缸左腔，当活塞受到向左的外力 F 作用时，液压缸左腔内的油液（被视为不可压缩）受活塞的作用，处于被挤压状态，油液中各质点都受到大小为 F 的静压力。

同时，油液对活塞有一个反作用力 F_p 而使活塞处于平衡状态。不考虑活塞的自重，则活塞平衡时的受力情形如图 1-11 所示。作用于活塞的力有两个，一个是外力 F，另一个是油液作用于活塞的力 F_p，两力大小相等，方向相反。设活塞的有效作用面积为 A，活塞作用在油液单位面积上的力为

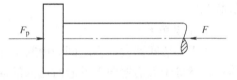

图 1-11　活塞平衡时的受力分析图

F/A。油液单位面积上承受的作用力称为压强，在工程上习惯称为压力，用符号 p 表示，即

$$p = F/A \tag{1-8}$$

式中　p——油液的压力（Pa）；

　　　F——作用在油液表面上的外力（N）；

　　　A——油液表面的承压面积，即活塞的有效作用面积（m^2）。

压力 p 单位为 N/m^2（牛/米^2），即 Pa（帕），目前工程上常用 MPa（兆帕）作为液压系统的压力单位，1MPa = 10^6Pa。

【流体动力学】

在工程应用中，必须要知道以下一些常识：

1）管径粗，流速低；管径细，流速高。

2）泵的吸油管径要大，尽可能减小管路长度，并限制泵的安装高度，一般控制在 0.5m 范围内。

3）根据经过阀芯的流量情况，合理选择换向阀的控制方式。

这些常识将涉及流体动力学中的三个基本方程式：流量连续性方程、伯努利方程和动量方程。

1. 流量连续性方程

流量连续性方程是质量守恒定律在流体力学中的一种表达形式，理想液体（不可压缩

的液体）在无分支管路中稳定流动时，流过任一通流截面的流量相等，这称为流量连续性原理。油液的可压缩性极小，通常可视作理想液体。

图 1-12 所示的管路中，截面 1 和截面 2 的流量分别为 q_1 和 q_2，根据流量的连续性原理可知

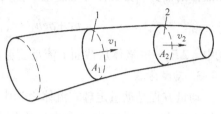

$$q_1 = q_2 \qquad (1\text{-}9)$$

通过之前的介绍可知，流量与速度以及管道面积的关系为：$q = Av$，将其代入式（1-9）可得

$$A_1 v_1 = A_2 v_2 \qquad (1\text{-}10)$$

图 1-12　流量连续性原理

式中　A_1、A_2——截面 1 和截面 2 的面积（m^2）；

v_1、v_2——液体流经截面 1 和截面 2 时的平均流速（m/s）。

式（1-10）称为流体连续性方程，表明液体在无分支管路中稳定流动时，流经管路不同截面时的平均流速与其截面面积成反比。管路截面面积小（管径细）的地方平均流速大，管路截面面积大（管径粗）的地方平均流速小。流量连续性原理是液压传动的基本原理之一。

以上公式的前提都是连续流动，即流体质点间无间隙。如果液流中出现了气泡，油液的可压缩性会明显增加，这种连续性就破坏了，当然连续性方程也就不适用了。因此，为了保证执行元件速度准确，液压系统应采取密封等措施，尽量避免在油液中混入空气。

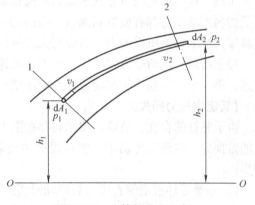

图 1-13　液体的微小流束

2. 伯努利方程

伯努利方程是能量守恒定律在流体力学中的一种表达形式。如图 1-13 所示，密度为 ρ 的理想液体在管道内流动，重力加速度为 g，现任取两通流截面 1 和 2 作为研究对象，两截面至水平参考面的距离分别为 h_1 和 h_2，流速分别为 v_1 和 v_2，压力分别为 p_1 和 p_2。此时液流在截面 1 和 2 的能量构成见表 1-3。

表 1-3　截面 1 和 2 的能量构成

能量类型	截面 1	截面 2
压力因素	p_1	p_2
位置因素	$\rho g h_1$	$\rho g h_2$
速度因素	$\dfrac{1}{2}\rho v_1^2$	$\dfrac{1}{2}\rho v_2^2$

根据能量守恒定律可得：

$$p_1 + \rho g h_1 + \frac{1}{2}\rho v_1^2 = p_2 + \rho g h_2 + \frac{1}{2}\rho v_2^2 = 常数 \qquad (1\text{-}11)$$

式（1-11）就是伯努利方程，由此方程可知，在重力作用下，在管道内流动的液体具有三种形式的能量，即压力能、位能和动能。这三种形式的能量在液体流动过程中可以相互转化，但其总和在各个截面处均为定值。实际液体在管道内流动时因液体内摩擦力作用会造

成能量损失；管道局部形状和尺寸的骤然变化会引起液流扰动，相应也会造成能量损失。实际液体的伯努利方程需考虑能量的损失。

$$p_1 + \rho g h_1 + \frac{1}{2}\rho v_1^2 = p_2 + \rho g h_2 + \frac{1}{2}\rho v_2^2 + \Delta P_w \tag{1-12}$$

式中　ΔP_w——液体从截面 1 流动到截面 2 的过程中所产生的能量损失。

3. 动量方程

动量方程是动量定理在流体力学中的具体应用。它用于分析计算液流作用在固体壁面上作用力的大小。动量定理指出，作用在物体上的外力等于物体在单位时间内的动量变化量，即

$$\sum F = \frac{mv_2}{\Delta t} - \frac{mv_1}{\Delta t} \tag{1-13}$$

将 $m = \rho V$ 和 $q = V/\Delta t$ 代入上式得

$$\Sigma F = \rho q V_2 - \rho q V_1 = \rho q \beta_2 V_2 - \rho q \beta_1 V_1$$

一般在紊流时的动量修正系数 $\beta = 1$，层流时 $\beta = 1.33$。

工程上往往通过动量方程求流体对通道固体壁面的作用力（稳态液动力）。比如阀芯上所受的稳态液动力都有使滑阀阀口关闭的趋势，流量越大，流速越大，则稳态液动力越大。这将增大操纵滑阀所需的力，所以对大流量的换向阀要求采用液动控制或电 – 液控制。

综上所述，前两个方程描述了压力、流速与流量之间的关系，及液体能量相互间的转换关系，第 3 个方程描述了流动液体与固体壁面之间作用力的关系。

【管道内压力损失】

由于黏性的存在，液体在流动时存在阻力，为了克服阻力就要消耗一部分能量，从而产生能量损失。在液压传动中，能量损失主要表现为压力损失。液压系统中的压力损失分为两类：

1）一类是油液沿等直径直管流动时所产生的压力损失，称之为沿程压力损失。这类压力损失是由液体流动时的内、外摩擦力所引起的。

2）另一类是油液流经局部障碍（如弯头、接头、管道截面突然扩大或收缩）时，由于液流的方向和速度的突然变化，在局部形成旋涡引起油液质点间以及质点与固体壁面间相互碰撞和剧烈摩擦而产生的压力损失，称之为局部压力损失。

压力损失过大也就是液压系统中功率损耗的增加，这将导致油液发热加剧，泄漏量增加，效率下降和液压系统性能变坏。

【气穴现象】

在液压系统中，如果某处的压力低于空气分离压，原来溶解在液体中的空气就会分离出来，导致液体中出现大量气泡的现象，称为气穴现象，也称为空穴现象。

这些气泡随着液流流到下游压力较高的部位时，会因承受不了高压而破灭，产生局部的液压冲击，发出噪声并引起振动，当附着在金属表面上的气泡破灭时，它所产生的局部高温和高压会使金属剥落，使表面粗糙，或出现海绵状的小洞穴。气穴对金属物造成的腐蚀、剥蚀现象称为气蚀。

气穴多发生在阀口和液压泵的进口处。由于阀口的通道狭窄，流速增大，压力大幅度下降，以致产生气穴。当泵的安装高度过大或液面不足时，吸油管直径太小，吸油阻力大，过

滤器阻塞，造成进口处真空度过大，也会产生气穴。为减少气穴和气蚀的危害，一般采取下列措施：

1）减少液流在阀口处的压力降，一般希望阀口前后的压力比为 $p_1/p_2 < 3.5$ 。

2）降低吸油高度（一般 $H < 0.5\text{m}$），适当加大吸油管内径，限制吸油管的流速（一般 $v_a < 1\text{m/s}$）。及时清洗吸油过滤器。对高压泵可采用辅助泵供油。

3）吸油管路要有良好密封，防止空气进入。

【液压冲击】

在液压系统中，由于某种原因，液体压力在一瞬间会突然升高，产生很高的压力峰值。这种现象称为液压冲击。

液压冲击产生的原因很多，如当阀门瞬间关闭时，管道中便产生液压冲击。液压冲击会引起振动和噪声，导致密封装置、管路及液压元件的损失，有时还会使某些元件，如压力继电器、顺序阀产生误动作，影响系统的正常工作。因此，必须采取有效措施来减轻或防止液压冲击。

避免产生液压冲击的基本措施是尽量避免液流速度发生急剧变化，延缓速度变化的时间，其具体办法如下：

1）缓慢开关阀门。

2）限制管路中液流的速度。

3）系统中设置蓄能器和安全阀。

1.4　学习任务应知考核

1. 液压系统除了工作介质液压油以外，由_____、_____、_____和_____四部分组成。

2. 液体黏性的大小用_____来表示。_____是选择工作介质的首要因素。

3. 液压油分_____、_____和_____三种类型。

4. 液压油污染是指液压油中含有_____、_____、_____及_____等杂质。

5. 泵的工作压力取决于_____。

6. 速度取决于流进液压缸工作腔内的液体_____。

7. 在液压传动中，能量损失主要表现为_____。

8. 在液压系统中，如果某处的压力低于_____，原来溶解在液体中的空气就会分离出来，导致液体中出现大量气泡的现象，称为_____，也称为_____。

9. 气穴对金属物造成的腐蚀、剥蚀现象称为_____。

10. 在液压系统中，由于某种原因，液体压力在一瞬间会突然升高，产生很高的压力峰值。这种现象称为_____。

任务 2　液压传动系统方向控制回路的安装与调试

2.1　学习任务要求

2.1.1　知识目标
1. 掌握方向控制阀的基本原理。
2. 掌握方向控制回路的特点和应用。

2.1.2　素质目标
1. 遵守现场操作的职业规范，具备安全、整洁、规范实施工作任务的能力。
2. 具有良好的职业道德、职业责任感和不断学习的精神。
3. 具有不断开拓创新的意识。
4. 以积极的态度对待训练任务，具有团队交流和协作能力。

2.1.3　能力目标
1. 能明确任务，正确选用各种方向控制阀。
2. 能按照工艺文件和装配原则，通过小组讨论，写出安装调试简单方向控制回路的步骤。
3. 能正确选择液压系统的拆装工具、调试工具、维修工具和量具等，并按规定领用。
4. 能按照要求，合理布局液压元件，并根据图样搭建回路。
5. 能对搭建好的液压回路进行调试及排除故障，恢复其工作要求。
6. 能严格遵守起吊、搬运、用电、消防等安全操作规程要求。
7. 能按照企业工作制度请操作人员验收，交付使用，并填写调试记录。
8. 能按企业管理要求，整理场地，归置物品，并按照环保规定处置废油液等废弃物。
9. 能写出完成此项任务的工作小结。

2.2　工作页

2.2.1　工作任务情景描述
汽车起重机轮胎的支撑能力有限，而且轮胎为弹性变形体，如果单纯靠轮胎支撑，起吊时作业很不安全，必须依靠支腿进行起吊的支撑。图 2-1 所示为某工程机械制造厂刚刚制造出来的汽车起重机，控制该车支腿动作的液压系统未设计和调试。控制该车支腿动作的液压系统要求如下：

1）作业前必须放下前后支腿，使汽车轮胎架空，用支腿承受重量。

2）在汽车行驶时，支腿必须收起来，让轮胎着地。

3）要确保支腿能停放在任意位置，并且能可靠地锁定而不受外界影响发生漂移或窜动。

起升机构

吊臂伸缩缸

基本臂

吊臂变幅缸

载重汽车　　　支腿　　　回转机构

图 2-1　汽车起重机

　　车间将控制支腿动作的液压系统的设计及安装调试任务交给了工作小组,要求在两周内完成任务,并交付使用。

2.2.2　工作流程与活动

　　小组成员在接到任务后,到现场与操作人员沟通,认真观察起重机,查阅起重机相关技术参数资料后,进行任务分工安排,制订工作流程和步骤,做好准备工作;在工作过程中,通过对起重机支腿动作液压系统的设计、安装、调试及不断优化,搭建好起重机支腿动作的液压系统。安装调试完成后,请操作人员验收,合格后交付使用,并填写调试记录。最后,撰写工作小结,小组成员进行经验交流。在工作过程中严格遵守起吊、搬运、用电、消防等安全操作规程,按照现场管理规范清理场地、归置物品,并按照环保规定处置废油液等废弃物。

　　学习活动 1　接受工作任务、制订工作计划
　　学习活动 2　起重机支腿动作液压系统的安装调试
　　学习活动 3　任务验收、交付使用
　　学习活动 4　工作总结与评价

学习活动 1　接受工作任务、制订工作计划

学习目标

1. 能识读生产派工单,接受起重机支腿动作液压系统的安装调试工作任务,明确任务要求。
2. 能查阅资料,了解起重机支腿动作液压系统的组成、结构等相关知识。
3. 查阅相关技术资料,了解起重机支腿动作液压系统的主要工作内容。
4. 能正确选择起重机支腿动作液压系统的拆装、调试所用的工具、量具等,并按规定领用。
5. 能制订起重机支腿动作液压系统安装调试工作计划。

1. 仔细阅读下面的生产派工单，按照生产派工单提供的基本信息，查阅相关资料，明确工作任务的内容和要求。随着学习活动的展开，逐项填写生产派工单中的空白项目内容，完成学习任务。

生产派工单

单　号：　　　　　　　　开单部门：　　　　　　　　　　　　　开单人：

开单时间：　年　月　日　时　分　　　　　　接单人：　部　　小组

（签名）

以下由开单人填写				
产品名称		完成工时		工时
产品技术要求				

以下由接单人和确认方填写				
领取材料 （含消耗品）		成本核算	金额合计： 仓管员（签名） 　　　　　年　月　日	
领用工具				
操作者检测			（签名） 年　月　日	
班组检测			（签名） 年　月　日	
质检员检测			（签名） 年　月　日	
生产数量统计	合格			
	不良			
	返修			
	报废			

统计：　　　　　　　审核：　　　　　　　　批准：

2. 根据任务要求，对现有小组成员进行合理分工，并填写分工表。

序号	组员姓名	组员任务分工	备注

3. 查阅资料，小组讨论并制订起重机支腿动作液压系统安装调试的工作计划。

序号	工作内容	完成时间	工作要求	备注
1	接受生产派工单		认真识读生产派工单，了解任务要求	
2				
3				
4				
5				
6				
7				
8				
9				
10				
11				
12				
13				
14				

学习活动过程评价表

班级		姓名		学号		日期		年　月　日	
评价内容（满分100分）			学生自评	同学互评	教师评价	总评/分			
专业技能（60分）	工作页完成进度（30分）								
	对理论知识的掌握程度（10分）					A（86~100）B（76~85）C（60~75）D（60以下）			
	理论知识的应用能力（10分）								
	改进能力（10分）								
综合素养（40分）	遵守现场操作的职业规范（10分）								
	信息获取的途径（10分）								
	按时完成学习和工作任务（10分）								
	团队合作精神（10分）								
总　分									
综合得分（学生自评10%、同学互评10%、教师评价80%）									
小结建议									

现场测试考核评价表

班级		姓名		学号			日期	年　月　日	
序号		评价要点				配分/分	得分	总评/分	
1		能正确识读并填写生产派工单，明确工作任务				10		A（86~100） B（76~85） C（60~75） D（60以下）	
2		能查阅资料，熟悉液压系统的组成和结构				10			
3		能根据工作要求，对小组成员进行合理分工				10			
4		能列出液压系统安装和调试所需的工具、量具清单				10			
5		能制订起重机支腿动作液压系统工作计划				20			
6		能遵守劳动纪律，以积极的态度接受工作任务				10			
7		能积极参与小组讨论，团队间相互合作				20			
8		能及时完成老师布置的任务				10			
		总分				100			
小结建议									

学习活动 2　起重机支腿动作液压系统的安装调试

学习目标

1. 能根据知识画出起重机支腿动作液压系统中控制元件的图形符号及写出其用途。
2. 能够根据任务要求，完成起重机支腿动作液压系统的设计和调试。
3. 能在搭建和调试回路中发现问题，提出问题产生的原因和排除方法。
4. 能参照有关书籍及上网查阅相关资料。

学习过程

我们已经学习了方向控制阀的基本原理及方向控制回路的类型和应用，请结合所学知识完成以下任务。

1. 根据阀的名称，画出对应的液压元件符号，并写出其特点和用途。

序号	名称	结构	实物	符号
1	普通单向阀			

（续）

序号	名称	结构	实物	符号
2	液控单向阀	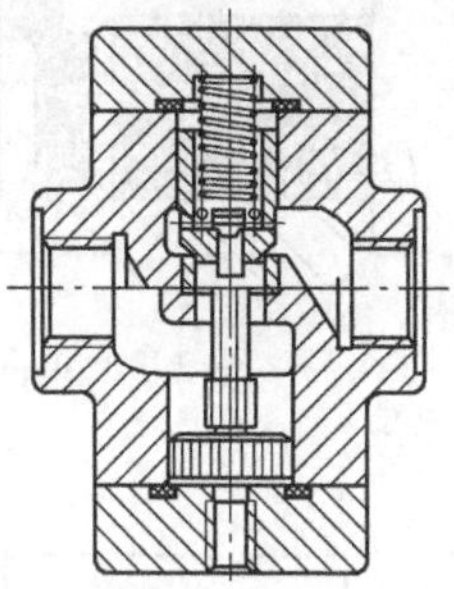		
3	二位二通机动换向阀	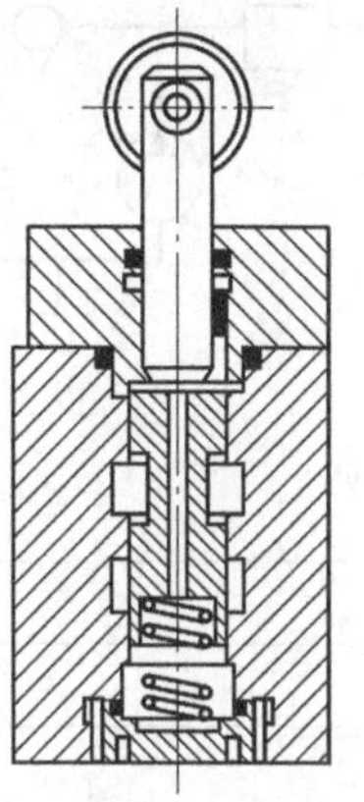		
4	三位四通手动换向阀	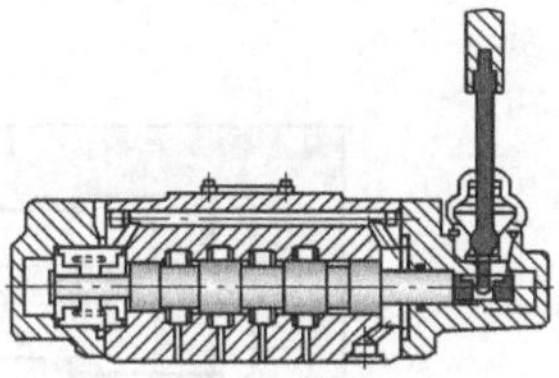		
5	三位四通电磁换向阀	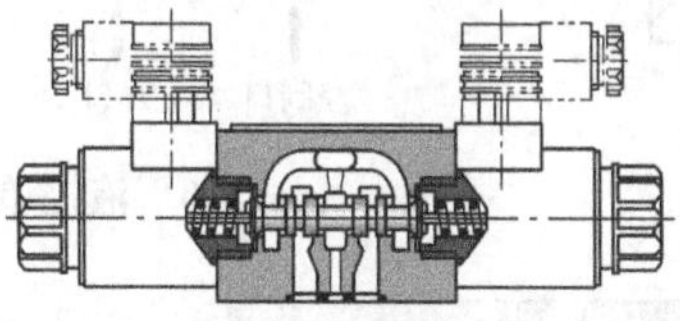		

2. 了解单向阀的结构和功能。

（1）根据图 2-2 和图 2-3 描述单向阀的工作原理及功能。

_____

_____

_____

_____

_____

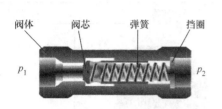

图 2-2　单向阀结构

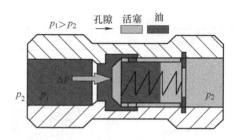

图 2-3　单向阀油液走向

（2）描述图 2-4 所示各单向阀的作用。

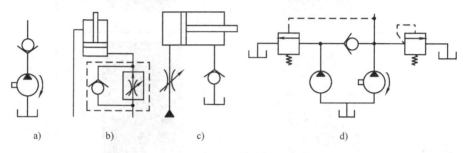

图 2-4　单向阀

a）_____

b）_____

c）_____

d）_____

3. 了解液控单向阀的结构和功能。

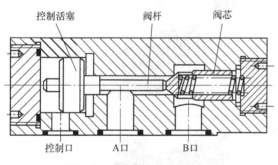

图 2-5　液控单向阀的结构

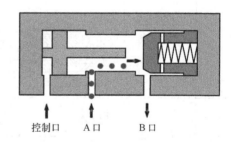

图 2-6　液控单向阀 A 口进油

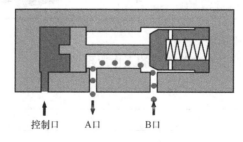

图 2-7　液控单向阀 B 口进油

（1）根据图 2-5、图 2-6 和图 2-7 描述液控单向阀的工作原理及功能。

（2）描述图2-8中各液控单向阀的作用。

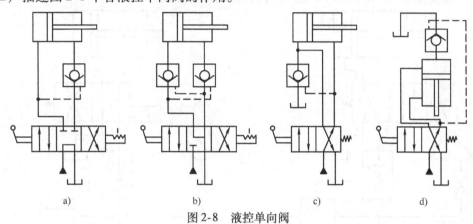

a)   b)   c)   d)

图2-8 液控单向阀

a) _____

b) _____

c) _____

d) _____

4. 了解换向阀的结构和特点。

（1）说明阀的工作口的含义。

P：_____

A、B：_____

T：_____

（2）根据图2-9，描述换向阀在三种不同状态下的油路走向。

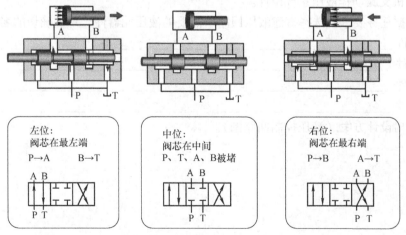

左位：
阀芯在最左端
P→A   B→T

中位：
阀芯在中间
P、T、A、B被堵

右位：
阀芯在最右端
P→B   A→T

图2-9 换向阀不同的"位"

_____

_____

_____

_____

（3）根据图2-10和图2-11，说明换向回路的工作原理。

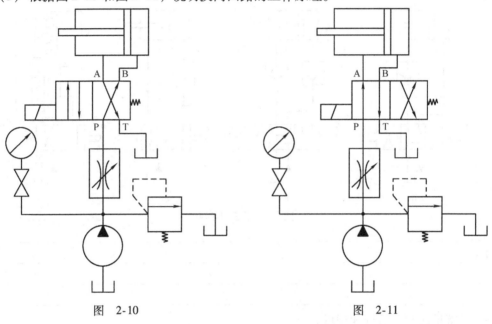

图　2-10　　　　　　　　　　　图　2-11

_____

_____

_____

_____

5. 起重机支腿动作液压系统设计。

（1）根据任务要求，选择搭建液压回路所需要的液压元器件，写下确切的名字。

动力元件_____

执行元件_____

控制元件_____

辅助元件_____

（2）画出设计方案（液压控制回路图）。

（3）展示设计方案，并与老师交流。

（4）在实验台上搭建液压控制回路，并完成动作及功能测试。

（5）记录搭建和调试控制回路中出现的问题，说明问题产生的原因和排除方法。

问题 1：_____

原因：_____

_____

排除方法：_____

_____

问题 2：_____

原因：_____

_____

排除方法：_____

_____

教师签名：

最后请您将自己的解决方案与其他同学进行比较，讨论出最佳的设计方案。

学习活动过程评价表

班级		姓名		学号		日期		年　月　日	
评价内容（满分100分）				学生自评	同学互评	教师评价		总评/分	
专业技能（60分）	工作页完成进度（30分）								
	对理论知识的掌握程度（10分）							A（86~100）	
	理论知识的应用能力（10分）							B（76~85）	
	改进能力（10分）							C（60~75）	
综合素养（40分）	遵守现场操作的职业规范（10分）							D（60以下）	
	信息获取的途径（10分）								
	按时完成学习和工作任务（10分）								
	团队合作精神（10分）								
总分									
综合得分（学生自评10%、同学互评10%、教师评价80%）									
小结建议									

现场测试考核评价表

班级		姓名		学号			日期	年 月 日
序号	评价要点					配分/分	得分	总评/分
1	能明确工作任务					10		
2	能画出规范的液压图形符号					10		
3	能设计出正确的液压原理图					20		A（86~100）
4	能正确找到液压原理图上的元器件					10		B（76~85）
5	能根据原理图搭建回路					20		C（60~75）
6	能按正确的操作规程进行安装调试					10		D（60以下）
7	能积极参与小组讨论，团队间相互合作					10		
8	能及时完成老师布置的任务					10		
	总分					100		
小结建议								

学习活动3   任务验收、交付使用

 学 习 目 标

1. 能完成设备调试验收单的填写，明确验收要求。
2. 能按照企业工作制度请操作人员验收，交付使用。
3. 能按照企业要求进行 6S 管理要求检查。

学 习 过 程

1. 根据任务要求，熟悉设备调试验收单格式，并完成验收单的填写工作。

设备调试验收单

调试项目	起重机支腿动作液压系统的安装调试
调试单位	
调试时间节点	
验收日期	
验收项目及要求	
验收人	

2. 查阅相关资料，分别写出空载试机和负载试机的调试要求。

液压系统调试记录单

调试步骤	调试要求
空载试机	
负载试机	

3. 验收结束后，按照企业 6S 管理要求，整理现场，并完成下列表格的填写。

序号	名称	自我评价	做得较好的方面	做得不满意的方面	改进措施
1	整理				
2	整顿				
3	清扫				
4	清洁				
5	素养				
6	安全				

学习活动过程评价表

班级		姓名		学号		日期		年　月　日	
评价内容（满分100分）			学生自评	同学互评	教师评价		总评/分		
专业技能 （60分）	工作页完成进度（30分）								
	对理论知识的掌握程度（10分）						A（86~100） B（76~85） C（60~75） D（60以下）		
	理论知识的应用能力（10分）								
	改进能力（10分）								
综合素养 （40分）	遵守现场操作的职业规范（10分）								
	信息获取的途径（10分）								
	按时完成学习和工作任务（10分）								
	团队合作精神（10分）								
总分									
综合得分 （学生自评10%、同学互评10%、教师评价80%）									
小结建议									

现场测试考核评价表

班级		姓名		学号		日期		年　月　日
序号	评价要点			配分/分	得分	总评/分		
1	能正确填写设备调试验收单			15				
2	能说出项目验收的要求			15				
3	能对安装的液压元件进行性能测试			15				
4	能对液压系统进行调试			15		A（86~100） B（76~85） C（60~75） D（60以下）		
5	能按企业工作制度请操作人员验收，并交付使用			10				
6	能按照6S管理要求清理场地			10				
7	能遵守劳动纪律，以积极的态度接受工作任务			5				
8	能积极参与小组讨论，团队间相互合作			10				
9	能及时完成老师布置的任务			5				
总分				100				
小结建议								

学习活动 4　　工作总结与评价

学习目标

1. 能按分组情况，分别派代表展示工作成果，说明本次任务的完成情况，并作分析总结。

2. 能结合自身任务完成情况，正确规范地撰写工作总结（心得体会）。

3. 能就本次任务中出现的问题，提出改进措施。

4. 能对学习与工作进行反思、总结，并能与他人开展良好合作，进行有效的沟通。

学习过程

1. 展示评价（个人、小组评价）

每个人先在组里进行经验交流与成果展示，再由小组推荐代表作必要的介绍。在交流的过程中，以组为单位进行评价；评价完成后，根据其他组成员对本组设备安装调试的评价意见进行归纳总结。完成如下项目：

（1）交流的结论是否符合生产实际？

符合□　　　　　　　　基本符合□　　　　　　　　不符合□

（2）与其他组相比，本小组设计的安装调试工艺如何？

工艺优化□　　　　　　　工艺合理□　　　　　　　工艺一般□

（3）本小组介绍经验时表达是否清晰？

很好□　　　　　　　一般，常补充□　　　　　　　不清楚□

（4）本小组演示时，安装调试是否符合操作规程？

正确□　　　　　　　部分正确□　　　　　　　不正确□

（5）本小组演示操作时遵循了"6S"的管理要求吗？

符合工作要求□　　　　忽略了部分要求□　　　　完全没有遵循□

（6）本小组的成员团队创新精神如何？

良好□　　　　　　　一般□　　　　　　　不足□

2. 自评总结（心得体会）

_____

_____

_____

_____

_____

3. 教师评价

（1）找出各组的优点进行点评。

（2）对展示过程中各组的缺点进行点评，提出改进方法。

（3）对整个任务完成中出现的亮点和不足进行点评。

总体评价表

项目	自我评价/分			小组评价/分			教师评价/分		
	10~9	8~6	5~1	10~9	8~6	5~1	10~9	8~6	5~1
	占总评10%			占总评30%			占总评60%		
学习活动1									
学习活动2									
学习活动3									
学习活动4									
协作精神									
纪律观念									
表达能力									
工作态度									
安全意识									
任务总体表现									
小计									
总评									

任课教师：　　　　　　　　　　　　　　年 月 日

2.3　信息采集

2.3.1　换向阀

在液压系统中，当液压油进入液压缸的不同工作腔时，能使液压缸带动工作台完成往复运动。这种能够使液压油进入不同液压缸工作油腔，从而实现液压缸不同运动方向的元件，称为换向阀。

一个完整的换向阀图形符号包括工作位置数、通路数、各位置上油口的连通关系、操纵方式、复位方式和定位方式等。

1. 换向阀图形符号的含义

1）用方框表示阀的工作位置。

2）方框内的箭头表示在这一位置上油路处于接通状态。

3）框内符号"┰"或"┴"表示此油路不通。

4）一个方框的外部连接几个接口，就表示几"通"。

2. 阀驱动方式的定义

1）人工控制。

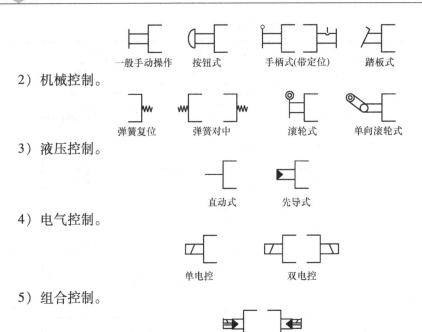

2）机械控制。

3）液压控制。

4）电气控制。

5）组合控制。

3. 滑阀式换向阀的主体结构和图形符号

滑阀式换向阀的主体结构和图形符号见表 2-1。

表 2-1　滑阀式换向阀的主体结构和图形符号

名称	结构原理图	图形符号	使用场合		
二位二通	A　B		控制油路的切断（相当于一个开关）		
二位三通	A　P　B		控制液流方向（从一个方向变换成另一个方向）		
二位四通	B P A T		控制执行元件换向	不能使执行元件在任一位置上停止运动	执行元件正、反向运动时，回油方式相同
二位五通	T1 A　P　B T2				执行元件正、反向运动时，回油方式不相同
三位四通	T1 A　　　B T2			能使执行元件在任一位置上停止运动	执行元件正、反向运动时，回油方式相同
三位五通	T1 A　P　B T2				执行元件正、反向运动时，回油方式不相同

4. 换向阀的操纵方式和典型结构

1）液压换向阀常用的操纵方式主要有手动、机动、电磁动、液动、电液动等（见图 2-12）。

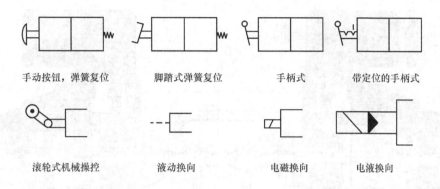

图 2-12 液压换向阀操控方式的图形符号表示方法

2）手动换向阀。其结构示意图如图 2-13 所示。

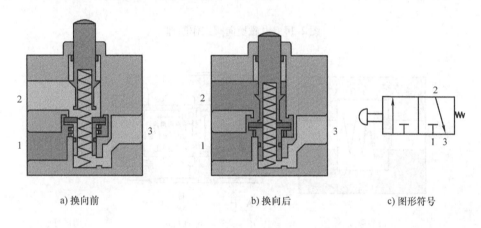

a) 换向前   b) 换向后   c) 图形符号

图 2-13 手动换向阀结构示意图

3）机动换向阀。机动换向阀借助于安装在工作台上的挡铁或凸轮来迫使阀芯移动，从而达到改换油液流向的目的。机动换向阀主要用来检测和控制机械运动部件的行程，所以又称为行程阀。其结构与手动换向阀相似。

4）电磁换向阀。液压电磁换向阀和气动系统中的电磁换向阀一样，也是利用电磁线圈的通电吸合与断电释放，直接推动阀芯运动来控制液流方向（见图 2-14）。

2.3.2 普通单向阀

1. 普通单向阀的主要作用

单向阀的主要作用是控制油液的流动方向，使其只能单向流动。如图 2-15 所示，单向阀按进、出油流动方向可分为直通式和直角式两种。直通式单向阀的进、出口在同一轴线上。直角式单向阀的进、出口相对于阀芯来说是直角布置的。

2. 工作原理分析

当液流由 A 腔流入时，克服弹簧力将阀芯顶开，于是液流由 A 腔流向 B 腔；当液流反向流入时，阀芯在液压力和弹簧力的作用下关闭阀口，使液流截止，于是液流无法由 B 腔流向 A 腔。

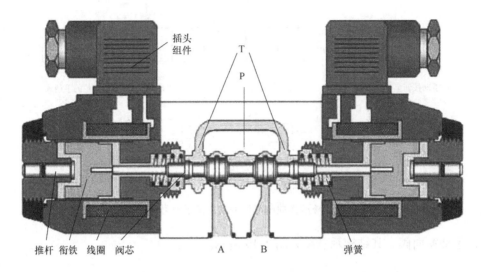

推杆　衔铁　线圈　阀芯　　　　　A　B　　　　弹簧

图 2-14　电磁换向阀工作原理

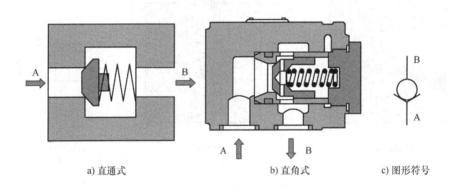

a) 直通式　　　　　　　　　b) 直角式　　　　c) 图形符号

图 2-15　单向阀工作原理图和图形符号

单向阀中的弹簧主要用以克服阀芯的摩擦阻力和惯性力，使单向阀工作可靠，所以普通单向阀的弹簧刚度一般都选得较小，以免油液流动时产生较大的压降。单向阀的开启压力一般为 0.035 ~ 0.05MPa。其实物图如图 2-16 所示。

3. 单向阀的用途

图 2-16　单向阀实物图

1）防止系统反向传动。将单向阀安装于泵的出口处，防止系统压力突然升高反向传给泵，而造成泵反转或损坏，并且在液压泵停止工作时，可以保持液压缸的位置（见图 2-17a）。

2）选择液流方向，使液压油或回油只能按单向阀所限定的方向流动，构成特定的回路（见图 2-17b）。

3）将单向阀用作背压阀。单向阀中的弹簧主要是用来克服阀芯的摩擦阻力和惯性力的。为使单向阀工作灵敏可靠，普通单向阀的弹簧刚度都选得较小，以免油液流动时产生较大的压力降；若将单向阀中的弹簧换成较大刚度的弹簧，就可将其置于回油路中作背压阀使用。如图 2-17c 所示，在液压缸的回油路上串入单向阀，利用单向阀弹簧产生的背压，可以提高执行元件运动的稳定性。这样还可以防止管路拆开时油箱中的油液经回油管外流。

4）隔离高、低压油区，防止高压油进入低压系统。如图 2-17d 所示，双泵供油系统由低压大流量泵 1 和高压小流量泵 2 组成。当需要空载快进时，单向阀导通，两个液压泵同时供油，实现执行元件的高速快进；当开始工作时，系统压力升高，低压泵利用液控式顺序阀卸荷，单向阀关闭，高压泵输出的高压油供执行元件实现工进。这样，高压油就不会进入低压泵而造成其损坏。

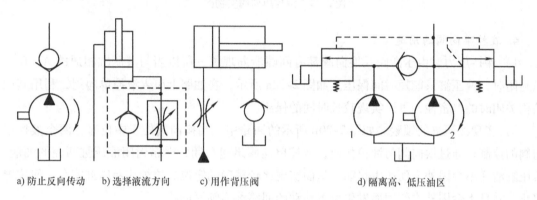

a) 防止反向传动　　b) 选择液流方向　　c) 用作背压阀　　　　d) 隔离高、低压油区

图 2-17　单向阀的用途

1—低压大流量泵　2—高压小流量泵

2.3.3　液控单向阀

1. 液控单向阀的特点

液控单向阀在正向流动时与普通单向阀相同。它与普通单向阀的区别在于供给液控单向阀的控制油路一定压力的油液，可使油液实现反向流动。

2. 液控单向阀工作原理图和图形符号

液控单向阀工作原理图和图形符号如图 2-18 所示。

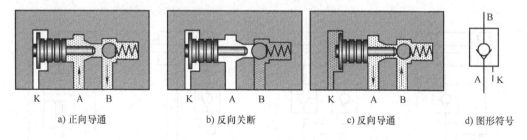

a) 正向导通　　　　b) 反向关断　　　　c) 反向导通　　　d) 图形符号

图 2-18　液控单向阀工作原理图和图形符号

3. 液控单向阀工作原理分析

控制口 K 处没有液压油通入时，在弹簧和球形阀芯的作用下，液压油只能由 A 口向 B 口流通，不能反向流动，这时它的功能相当于单向阀；当控制口 K 通入液压油时，控制活塞将阀芯顶开，则可以实现油液由 B 到 A 的反向流通。

由于控制活塞有较大作用面积，所以 K 口的控制压力可以小于主油路的压力。液控单向阀实物图如图 2-19 所示。

图 2-19　液控单向阀实物图

4. 液控单向阀的用途

1）保持压力。由于滑阀式换向阀都有间隙泄漏现象，所以当与液压缸相通的 A、B 油口封闭时，液压缸只能短时间保压。如图 2-20a 所示，在油路上串入液控单向阀，利用其阀结构关闭时的严密性，可以实现较长时间的保压。

2）实现液压缸的锁紧。如图 2-20b 所示的回路中，当换向阀处于中位时，两个液控单向阀的控制口通过换向阀与油箱相通，液控单向阀迅速关闭，严密封闭液压缸两腔的油液，液压缸活塞不会因外力而产生移动，从而实现比较精确的定位。这种让液压缸能在任何位置停止，并且不会因外力作用而发生位置移动的回路称为锁紧回路。

3）大流量排油。如果液压缸两腔的有效工作面积相差较大，那么当活塞返回时，液压缸无杆腔的排油流量会骤然增大。此时回油路可能会产生较强的节流作用，限制活塞的运动速度。如图 2-20c 所示，在液压缸回油路加设液控单向阀，在液压缸活塞返回时，控制压力将液控单向阀打开，使液压缸左腔油液通过单向阀直接排回油箱，实现大流量排油。

4）用作充油阀。立式液压缸的活塞在负载和自重的作用下高速下降，液压泵供油量可能来不及补充液压缸上腔形成的容积。这样就会使上腔产生负压，而形成空穴。在图 2-20d 所示的回路中，在液压缸上腔加设一个液控单向阀，就可以利用活塞快速运动时产生的负压将油箱中的油液吸入液压缸无杆腔，保证其充满油液，实现补油的功能。

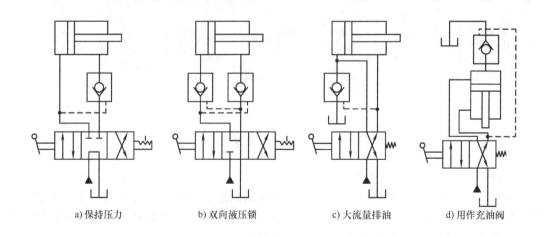

a) 保持压力　　　b) 双向液压锁　　　c) 大流量排油　　　d) 用作充油阀

图 2-20　液控单向阀的用途

2.4　学习任务应知考核

1. 汽车起重机的液压支腿中，常使用_____阀，保证其能够长时间锁紧。

2. 双向液压锁是由_____两个阀组成的。

3. 能够使液压油进入不同的液压缸工作油腔，从而实现液压缸不同的运动方向的元件，称为_____。

4. 单向阀的主要作用是控制油液的_____，使其只能_____。

5. 单向阀的用途主要有防止系统反向传动、_____、_____和隔离高、低压油区，防止高压油进入低压系统这四种。

6. 液控单向阀与普通单向阀的区别在于供给液控单向阀的控制油路一定压力的油液，可使油液实现_____。

7. 液控单向阀的主要用途有_____、_____、_____和用作充油阀这四种。

任务 3 液压传动系统压力控制回路的安装与调试

3.1 学习任务要求

3.1.1 知识目标

1. 了解压力控制阀的基本原理。
2. 了解压力控制回路的特点和应用。

3.1.2 素质目标

1. 遵守现场操作的职业规范,具备安全、整洁、规范实施工作任务的能力。
2. 具有良好的职业道德、职业责任感和不断学习的精神。
3. 具有不断开拓创新的意识。
4. 以积极的态度对待训练任务,具有团队交流和协作能力。

3.1.3 能力目标

1. 能正确选用各种压力控制阀。
2. 能按照工艺文件和装配原则,通过小组讨论,写出设计和安装调试简单压力控制回路的步骤。
3. 能正确选择液压系统的拆装、维修和调试工具、量具等,并按规定领用。
4. 能对液压系统元件进行拆卸清洗,写出需要修复、更换的故障元件,并制订合理的安装调试方案。
5. 能对机械设备液压系统的故障元件进行装配和调试,排除故障,恢复其工作要求。
6. 能按照企业工作制度请操作人员验收,交付使用,并填写调试记录。
7. 能严格遵守起吊、搬运、用电、消防等安全规程要求。
8. 能清理场地,归置物品,并按照环保规定处置废油液等废弃物。
9. 能写出完成此项任务的工作小结。

3.2 工作页

3.2.1 工作任务情景描述

某工厂要加工图 3-1 所示零件,属于大批量生产零件。需要设计一种两工位液压夹紧装置,通过一个液压缸夹紧连接机构对工件从左到右进行夹紧,另一个液压缸压紧机构对工件从上到下进行夹紧,两工位都可以实现对工件的松开。保证在加工时工件不会发生移动,要求在加工期间,夹紧装置应保持足够的夹紧力。同时为避免液压泵频繁开关,泵应始终处于运转状态。为了节约能源,加工期间(如测量工件或拆卸工件等),液压泵应处于卸压运行状态，构建该装置的液压控制回路。车间将任务交给了工作小组，要求在两周左右时间内完成任务，并交付使用。

图 3-1　液压夹紧装置示意图

3.2.2　工作流程与活动

工作人员在接到任务后，到现场与操作人员沟通，勘查现场，查阅机床相关档案资料，进行任务安排分工；制订工作流程和步骤，做好准备工作；在工作过程中，通过夹紧机构液压元件的修复、更换、调试，构建该装置的液压控制回路；安装调试完成后，请操作人员验收，合格后交付使用，并填写调试记录；最后，撰写工作小结，采用不同形式进行经验交流。在工作过程中严格遵守起吊、搬运、用电、消防等安全规程要求，按照现场管理规范清理场地、归置物品，并按照环保规定处置废油液等废弃物。

学习活动 1　接受工作任务、制订工作计划
学习活动 2　夹紧机构液压系统控制回路的安装调试
学习活动 3　任务验收、交付使用
学习活动 4　工作总结与评价

学习活动 1　接受工作任务、制订工作计划

学习目标

1. 能识读生产派工单，接受夹紧机构液压系统设计工作任务，明确任务要求。
2. 能查阅资料，了解夹紧机构液压系统的组成、结构等相关知识。
3. 查阅相关技术资料，了解夹紧机构液压系统的主要工作内容。
4. 能正确选择液压系统拆装、调试所用的工具、量具等，并按规定领用。
5. 能制订夹紧机构液压系统安装调试工作计划。

学习过程

仔细阅读下面的生产派工单，按照生产派工单提供的基本信息，查阅相关资料，明确工作任务的内容和要求。随着学习活动的展开，逐项填写生产派工单中的空白项目内容，完成学习任务。

生产派工单

单 号：	开单部门：	开单人：

开单时间：　年　月　日　时　分　　　　　　　　接单人：　　部　　　小组

（签名）

以下由开单人填写

产品名称		完成工时	工时
产品技术要求			

以下由接单人和确认方填写

领取材料 （含消耗品）		成 本 核 算	金额合计： 仓管员（签名） 　　　年　月　日
领用工具			
操作者检测			（签名） 年　　月　　日
班组检测			（签名） 年　　月　　日
质检员检测			（签名） 年　　月　　日

生产数量统计	合格	
	不良	
	返修	
	报废	

　　　统计：　　　　　　　　审核：　　　　　　　　批准：

学习活动 2　　夹紧机构液压系统控制回路的安装调试

学 习 目 标

1. 能根据所学知识画出夹紧机构液压传动系统中控制元件部分的图形符号，并掌握其用途。

2. 能够根据任务要求，完成工件夹紧装置压力控制回路的设计和调试。

3. 能找出在搭建和调试控制回路中问题产生的原因和排除方法。

4. 能参照有关书籍及上网查阅相关资料。

学习过程

我们已经学习了压力控制阀的基本原理及压力控制回路的类型和应用,请您结合所学知识完成以下任务。

(1) 根据阀的名称,画出表3-1对应的液压元件图形符号,并写出其特点和用途。

表 3-1

序号	名称	结构	实物	图形符号
1	直动式溢流阀	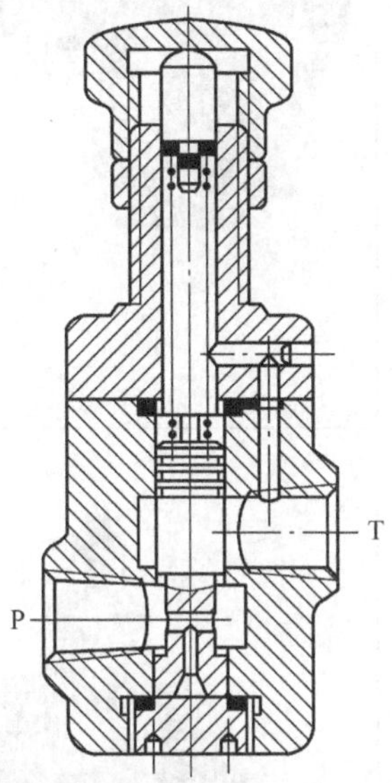		
2	先导式溢流阀	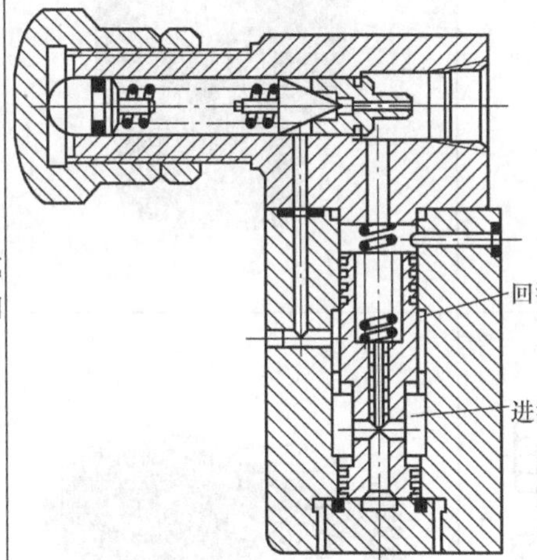		
3	直动式减压阀	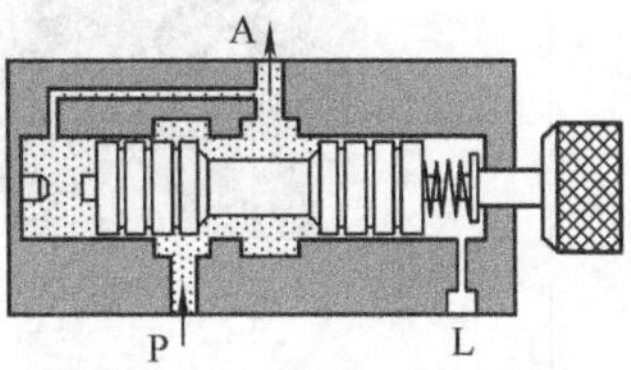		

（续）

序号	名称	结构	实物	图形符号
4	先导式减压阀			
5	直动式顺序阀			
6	先导式顺序阀			

（续）

序号	名称	结构	实物	图形符号
7	压力继电器	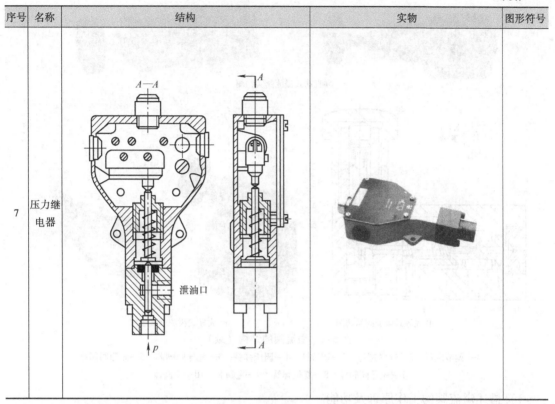		

（2）了解溢流阀的结构和功能（见图3-2）。

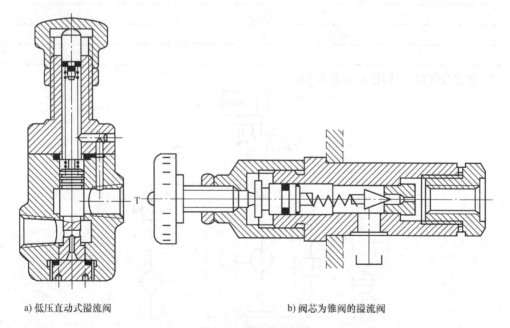

a) 低压直动式溢流阀　　　　　　　　b) 阀芯为锥阀的溢流阀

图3-2 溢流阀的结构

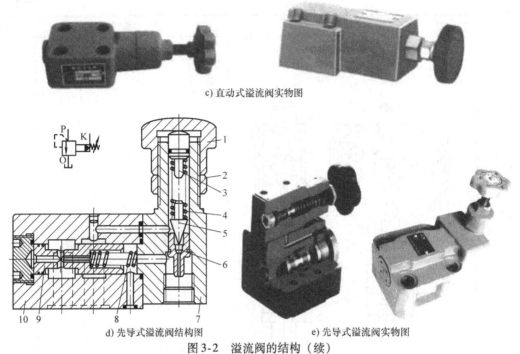

c) 直动式溢流阀实物图

d) 先导式溢流阀结构图   e) 先导式溢流阀实物图

图 3-2   溢流阀的结构（续）

1—调节螺母   2—锁紧螺母   3—调节杆   4—调压弹簧   5—先导阀阀芯   6—先导阀阀座
7—先导阀阀体   8—复位弹簧   9—主阀芯   10—主阀体

1）描述溢流阀的工作原理及功能。

_____

_____

_____

_____

2）描述溢流阀的作用（见图 3-3）。

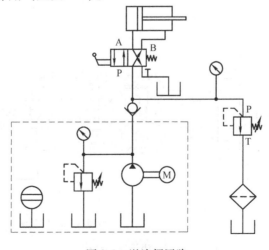

图 3-3   溢流阀回路

3）如图 3-3 所示，请思考：在系统中为何要并联一个溢流阀？

_____

_____

_____

_____

_____

（3）了解减压阀的结构和功能（见图 3-4）。

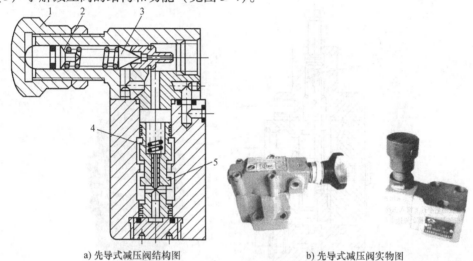

a) 先导式减压阀结构图　　　　　b) 先导式减压阀实物图

图 3-4　减压阀

1—调节螺母　2—调压弹簧　3—先导阀阀芯　4—主阀弹簧　5—主阀阀芯

1）描述减压阀的工作原理及功能。

_____

_____

_____

_____

2）描述减压阀的作用。

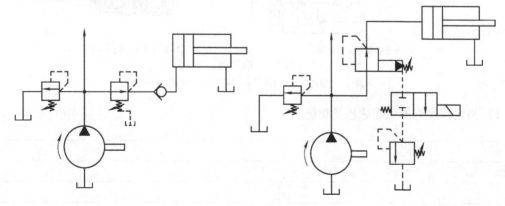

图 3-5　减压回路

3) 如图3-5所示，请思考：在系统中为何要并联一个减压阀？

_____

_____

_____

_____

（4）了解顺序阀的结构和功能（见图3-6）

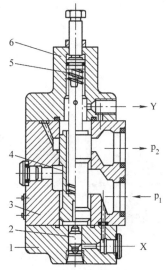

a) 直动式顺序阀结构图

b) 直动式顺序阀实物图

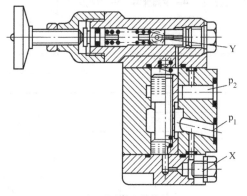

c) 先导式顺序阀结构图

d) 先导式顺序阀实物图

图3-6　顺序阀

1—下盖　2—活塞　3—阀体　4—阀芯　5—弹簧　6—上盖

1) 描述顺序阀的工作原理及功能。

_____

_____

_____

_____

_____

2）描述顺序阀的作用。

3）如图3-7所示，在系统中分别指出顺序阀的作用。

_____

_____

_____

_____

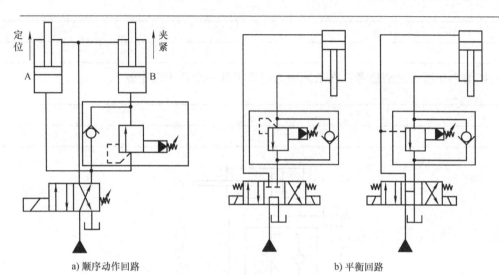

a) 顺序动作回路　　　　　　　　　　b) 平衡回路

图3-7　顺序动作回路和平衡回路

（5）了解压力继电器的结构和功能（见图3-8）。

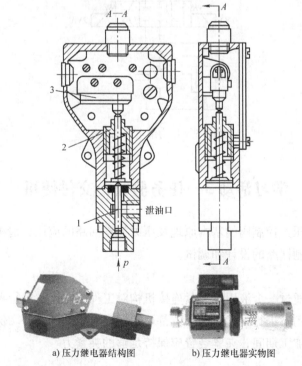

a) 压力继电器结构图　　　b) 压力继电器实物图

图3-8　压力继电器

1—柱塞　2—调节螺母　3—微动开关

1）描述压力继电器的工作原理及功能。

_____

_____

_____

2）描述压力继电器的作用。

_____

_____

_____

3）如图3-9所示，请思考：在系统中为何要串联一个压力继电器？

_____

_____

_____

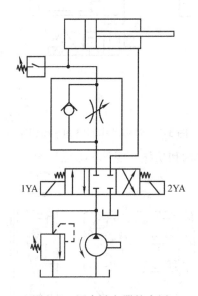

图 3-9　压力继电器的应用

学习活动 3　任务验收、交付使用

我们已经掌握了压力控制阀的基本原理及压力控制回路的应用，请根据任务要求，完成工件夹紧装置压力控制回路的设计和调试。

【任务描述】

如图 3-1 所示，通过一个液压缸夹紧连接机构对工件从左到右进行夹紧，另一个液压缸压紧机构对工件从上到下进行夹紧，两工位都可以实现对工件的松开。保证在加工时工件不会发生移动，要求在加工期间，夹紧装置应保持足够的夹紧力。

【任务要求】

1. 根据上述任务要求，设计工件夹紧装置的液压控制回路和电气控制回路。

【思考】

（1）在这个项目中，液压缸活塞的伸出和返回控制采用什么阀来实现？

_____

_____

_____

_____

（2）为了方便压力检测和阀压力值的设定，应在相应检测位置安装压力表，该表应装在哪些位置？

_____

_____

_____

（3）若不进行节流，则可能在工件压实时导致压力上升过快，如何通过进油节流来降低压力上升速度，使阀可靠工作？

_____

_____

_____

_____

根据任务要求，选择搭建液压回路所需要的组件，写下确切的名字。

动力元件_____

执行元件_____

控制元件_____

辅助元件_____

2. 绘制液压系统图

（1）画出您的设计方案（液压控制回路图）

（2）展示您的设计方案，并与老师进行交流。

3. 在实验台上搭建液压控制回路，并完成动作及功能测试。

4. 记录您在搭建和调试控制回路中出现的问题。请您说明问题产生的原因和排除方法。

问题1 _____

原因 _____

_____

_____

排除方法 _____

_____

问题2 _____

原因 _____

_____

排除方法 _____

_____

_____

教师签名：

最后请您将自己的解决方案与其他同学的进行比较，讨论出最佳的设计方案。

学习活动4 工作总结与评价

学 习 目 标

1. 能按分组情况，分别派代表展示工作成果，说明本次任务的完成情况，并作分析总结。
2. 能结合自身任务完成情况，正确规范撰写工作总结（心得体会）。
3. 能就本次任务中出现的问题，提出改进措施。
4. 能对学习与工作进行反思总结，并能与他人开展良好合作，进行有效的沟通。

学 习 过 程

1. 展示评价（个人、小组评价）

每个人先在组里进行经验交流与成果展示，再由小组推荐代表作必要的介绍。在交流的过程中，以组为单位进行评价；评价完成后，根据其他组成员对本组设备安装与调试的评价意见进行归纳总结。完成如下项目：

（1）交流的经验是否符合生产实际？

符合□　　　　基本符合□　　　　　　不符合□

（2）与其他组相比，本小组设计的维修工艺如何？

工艺优化□　　　工艺合理□　　　　　工艺一般□

（3）本小组介绍经验时表达是否清晰？

很好□　　　　　一般，常补充□　　　　不清楚□

（4）本小组演示时，维修操作是否正确？

正确□　　　　　部分正确□　　　　　不正确□

（5）本小组演示操作时遵循了"6S"的管理要求吗？

符合工作要求□　　　　忽略了部分要求□　　　　完全没有遵循□

（6）本小组的成员团队创新精神如何？

良好□　　　　一般□　　　　不足□

2. 自评总结（心得体会）

_____

_____

_____

3. 教师评价

（1）找出各组的优点进行点评。

（2）对展示过程中各组的缺点进行点评，提出改进方法。

（3）对整个任务完成中出现的亮点和不足进行点评。

总体评价表

班级：　　　　　姓名：　　　　　学号：

项目	自我评价/分			小组评价/分			教师评价/分		
	10~9	8~6	5~1	10~9	8~6	5~1	10~9	8~6	5~1
	占总评10%			占总评30%			占总评60%		
学习活动1									
学习活动2									
学习活动3									
学习活动4									
协作精神									
纪律观念									
表达能力									
工作态度									
安全意识									
任务总体表现									
小计									
总评									

任课教师：　　　　　年　月　日

3.3　信息采集

3.3.1　压力控制阀

稳定的工作压力是保证系统正常工作的前提条件。同时，一旦液压传动系统过载，若无有效的卸荷措施，就会使液压传动系统中的液压泵处于过载状态，很容易发生损坏，液压传动系统中的其他元件也会因超过自身的额定工作压力而损坏。因此，液压传动系统必须能有效地控制系统压力，而担负此项任务的就是压力控制阀。

在液压传动系统中控制油液压力的阀称为压力控制阀，简称压力阀。常用的压力阀有溢流阀、减压阀和顺序阀等。它们的共同特点是，利用作用于阀芯上的油液压力和弹簧弹力相平衡的原理来进行工作。其中，溢流阀在系统中的主要作用是稳压和卸荷。

1. 溢流阀

在液压系统中，常用的溢流阀有直动式和先导式两种。直动式溢流阀用于低压系统，先导式溢流阀用于中、高压系统。图 3-10 所示为溢流阀结构。

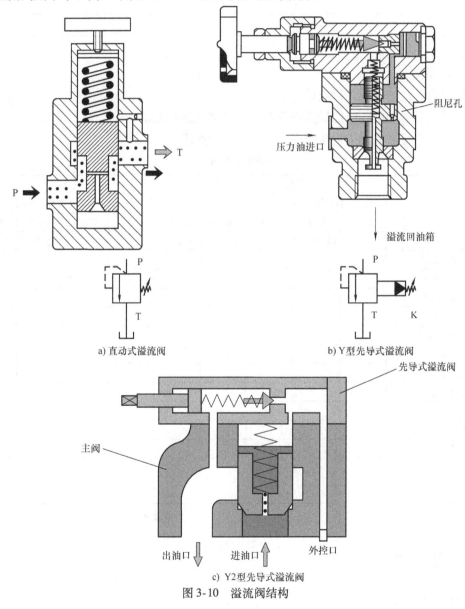

a) 直动式溢流阀

b) Y型先导式溢流阀

c) Y2型先导式溢流阀

图 3-10　溢流阀结构

（1）直动式溢流阀　直动式溢流阀如图 3-11 所示。

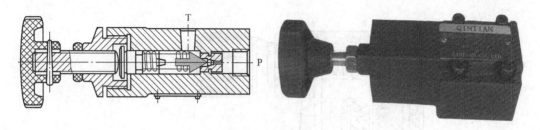

图 3-11 直动式溢流阀

1）直动式溢流阀的工作原理。如图 3-12 所示，其中，弹簧用来调节溢流阀的溢流压力，假设 p 为作用在阀芯端面上的液压力，F 为弹簧弹力，阀芯左端的工作面积为 A。当 $p < F$ 时，阀芯在弹簧弹力的作用下往左移，阀口关闭，没有油液从 P 口经 T 口流回油箱，当系统压力升高到 $p > F$ 时，弹簧被压缩，阀芯右

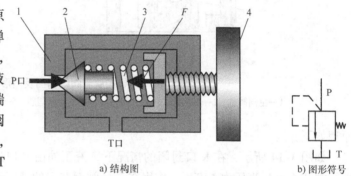

a) 结构图   b) 图形符号

图 3-12 直动式溢流阀结构图和图形符号

1—阀体 2—阀芯 3—调压弹簧 4—调节手轮

移，阀口打开，部分油液从 P 口经 T 口流回油箱，限制系统压力继续升高，使压力保持在 $p = F/A$ 的恒定数值。调节弹簧弹力 F，即可调节系统压力的大小。所以溢流阀工作时，阀芯随着系统压力的变动而左右移动，从而维持系统压力近似恒定。

2）直动式溢流阀的特点。直动式溢流阀的结构简单、灵敏度高，但压力波动受溢流量的影响较大，不适于在高压、大流量下工作。因为当溢流量较大而引起阀的开口变化较大时，弹簧变形较大即弹簧力变化大，溢流阀进口压力也随之发生较大变化，故直动式溢流阀调压稳定性差，定压精度低，一般用于压力小于 2.5MPa 的小流量系统中。

（2）先导式溢流阀 先导式溢流阀剖面结构及实物图如图 3-13 所示。

a) 剖面结构   b) 实物图

图 3-13 先导式溢流阀剖面结构及实物图

1）先导式溢流阀结构图及图形符号（见图 3-14）。

2）先导式溢流阀的工作原理。先导式溢流阀由先导阀和主阀两部分组成。该阀的工作

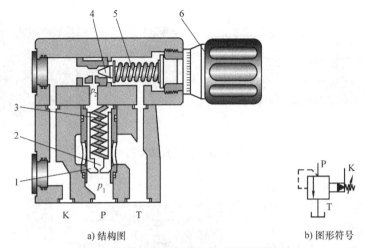

a) 结构图   b) 图形符号

图 3-14　先导式溢流阀结构图及图形符号

1—主阀阀芯　2—阻尼孔　3—主阀弹簧　4—先导阀阀芯　5—先导阀弹簧　6—调节手轮

原理如下：

如图 3-14 所示，在 K 口封闭的情况下，液压油由 P 口进入，通过阻尼孔 2 后作用在先导阀阀芯 4 上。当压力不高时，作用在先导阀阀芯上的液压力不足以克服先导阀弹簧 5 的作用力，先导阀关闭。这时油液静止，主阀阀芯 1 下方的压力 p_1 和主阀弹簧 3 上方的压力 p_2 相等。在主阀弹簧的作用下，主阀阀芯关闭，P 口与 T 口不能形成通路，没有溢流。

当进油口 P 口压力升高，使作用在先导阀上的液压力大于先导阀弹簧弹力时，先导阀阀芯右移，油液就可从 P 口通过阻尼孔经导阀流向 T 口。由于阻尼孔的存在，油液经过阻尼孔时会产生一定的压力损失 p，所以限尼孔下部的压力 p_1 高于上部的压力 p_2，即主阀阀芯的下部压力 p_1 大于上部的压力 p_2，这个压差 $\Delta p = p_1 - p_2$ 的存在使主阀阀芯上移开启，使油液可以从 P 口向 T 口流动，从而实现溢流。

（3）溢流阀的功能　溢流阀的功能如图 3-15 所示。

1）溢流调压。在液压系统中用定量泵和节流阀进行调速时，溢流阀可使系统的压力稳定。并且，节流阀调节的多余液压油可以通过溢流阀溢流回油箱，即利用溢流阀进行分流。

2）限压保护。在液压系统中用变量泵进行调速时，泵的压力随负载变化，这时需防止过载，即设置安全阀（溢流阀）。在正常工作时此阀处于常闭状态，过载时打开阀口溢流，使压力不再升高。通常这种溢流阀的调定压力比系统最高压力高 10% ~20%。

3）卸荷。先导式溢流阀与电磁阀组成电磁溢流阀，控制系统实现卸荷。

4）远程调压。将先导式溢流阀的外控口接上远程调压阀，便能实现远程调压。

5）作背压阀使用。在系统回油路上接上溢流阀，造成回油阻力，形成背压，可提高执行元件的运动平稳性。背压大小可根据需要通过调节溢流阀的调定压力来获得。

2. 减压阀

减压阀剖面结构及实物图如图 3-16 所示。

（1）直动式减压阀工作原理　直动式减压阀的工作原理如图 3-17 所示。当其出口压力未达到调压弹簧的预设值时，阀芯处于最左端，阀口全开。随着出口压力逐渐上升并达到设定值时，阀芯右移，阀口开度逐渐减小直至完全关闭。如果忽略其他次要因素，仅考虑作用在阀芯上的液压力和弹簧力相平衡的条件，则可以认为减压阀出口压力不会超过通过弹簧预设的调定值。

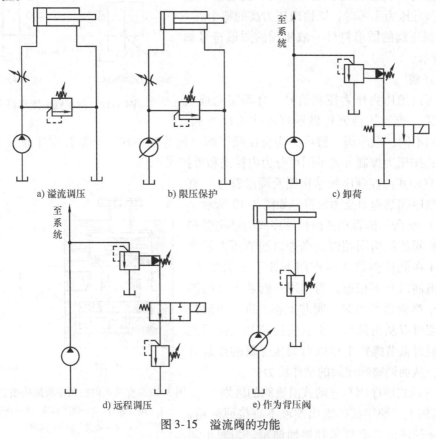

a) 溢流调压   b) 限压保护   c) 卸荷

d) 远程调压   e) 作为背压阀

图 3-15   溢流阀的功能

a) 剖面结构   b) 实物图

图 3-16   减压阀剖面结构及实物图

减压阀的稳压过程为：当减压阀输入压力变大时，出口压力随之增大，阀芯也相应右移，使阀口开度减小，阀口处压降增加，出口压力回到调定值；当减压阀输入压力变小时，出口压力随之减小，阀芯也相应左移，使阀口开度增大，阀口处压降减小，出口压力也会回到调定值。通过这种输出压力的反馈作用，可以使其输出压力基本保持稳定。

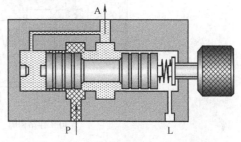

图 3-17   直动式减压阀工作原理图

当两个输入口中的任何一个有输入信号时，输出口就有输出，从而实现了逻辑"或"门功能。当两个输入信号压力不等时，则输出压力高的那个。

（2）减压阀的图形符号　减压阀的图形符号如图 3-18 所示。

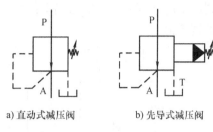

a) 直动式减压阀　　b) 先导式减压阀

图 3-18　减压阀的图形符号

3. 顺序阀

顺序阀是把压力作为控制信号，自动接通或切断某一油路，控制执行元件做顺序动作的压力阀。根据结构的不同，顺序阀一般可分为直控顺序阀（简称顺序阀）和液控顺序阀（远控顺序阀）两种；按压力控制方式不同可分为内控式和外控式。

（1）直动式内控顺序阀结构图及图形符号　直动式内控顺序阀结构图及图形符号如图 3-19 所示。

如图 3-19 所示的直动式内控顺序阀的结构图和直动式溢流阀的结构图相似。当进口油液压力较小时，阀芯 4 在调压弹簧 2 的作用下处于下端位置，进油口和出油口互不相通。当作用在阀芯下方的油液压力大于弹簧预紧力时，阀芯上移，进、出油口导通，油液可以从出油口流出，去控制其他执行元件动作。通过调节螺钉 1 可以对调压弹簧的预紧力进行设定，从而调整顺序阀的动作压力。

（2）直动式顺序阀与直动式溢流阀的区别

1）结构上。顺序阀的输出油液不直接回油箱，所以弹簧侧的泄油口必须单独接回油箱。为减小调节弹簧的刚度，顺序阀的阀芯上一般设置有控制柱塞。为了使执行元件准确实现顺序动作，要求顺序阀的调压精度高、偏差小，关闭时内泄漏量小。

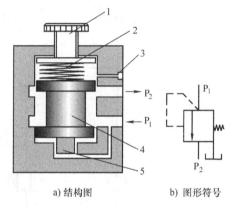

a) 结构图　　b) 图形符号

图 3-19　直动式内控顺序阀结构图及图形符号
1—调节螺钉　2—调压弹簧　3—外泄油口
4—阀芯　5—测压柱塞

2）作用上。溢流阀主要用于限压、稳压及配合流量阀用于调速；顺序阀则主要用来根据系统压力的变化情况控制油路的通断，有时也可以将它当作溢流阀来使用。

（3）直动式外控顺序阀工作原理图及图形符号　直动式外控顺序阀的工作原理图及图形符号如图 3-20 所示。

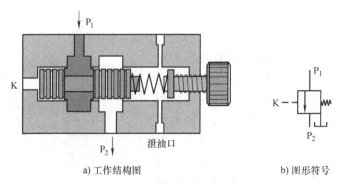

a) 工作结构图　　　　　b) 图形符号

图 3-20　直动式外控顺序阀工作原理图及图形符号

它与内控顺序阀的区别在于阀芯的开闭是通过通入控制油口 K 的外部油压来控制的。顺序阀的实物图如图 3-21 所示。

图 3-21　顺序阀实物图

3.3.2　压力控制回路的应用

1. 调压回路

（1）单级调压回路　如图 3-22 所示液压回路的工作原理如下：

系统由定量泵供油，采用节流阀调节进入液压缸的流量，使活塞获得需要的运动速度。因为定量泵输出的流量大于液压缸的所需流量，故多余部分的油液就从溢流阀流回油箱。这时，泵的出口压力便稳定在溢流阀的调定压力上，调节溢流阀便可调节泵的供油压力，溢流阀的调定压力必须大于液压缸最大工作压力和油路上各种压力损失的总和。根据溢流阀的压力流量特性可知，在溢流量不同时，压力调定值是稍有变动的。

（2）远程调压回路　图 3-23 所示为远程调压回路，在先导式溢流阀 1 的远控口处接上一个远程调压阀 3，则回路压力可由远程调压阀 3 远程调节，从而实现对回路压力的远程调压控制。但此时要求主溢流阀 1 必须是先导式溢流阀，且阀 1 的调定压力（阀 1 中先导式溢流阀的调定压力）必须大于远程调压阀 3 的调定压力，否则远程调压阀 3 将起不到远程调压作用。

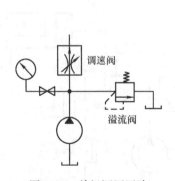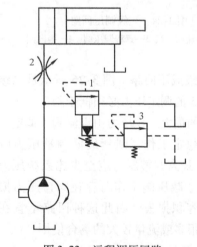

图 3-22　单级调压回路　　　　图 3-23　远程调压回路

1—先导式溢流阀　2—节流阀　3—远程调压阀

（3）三级调压回路　图 3-24 所示为三级调压回路。主溢流阀 1 的远程控制口通过三位四通换向阀 4 可以分别接到具有不同调定压力的远程调压阀 2 和 3 上。

当阀 4 处于左位时，阀 2 与阀 1 接通，此时回路压力由阀 2 调定；当阀 4 处于右位时，阀 3 与阀 1 接通，此时回路压力由阀 3 调定；当换向阀处于中位时，阀 2 和阀 3 都没有与阀 1 接通，此时回路压力由阀 1 来调定。

在上述回路中要求阀 2 和阀 3 的调定压力必须小于阀 1 的调定压力。其实质是用三个先导式溢流阀分别对一个主溢流阀进行控制，通过一个主溢流阀的工作，使系统得到三种不同的调定压力，并且在这三种调压情况下，通过调压回路的绝大部分流量都经过阀 1 的主阀阀口流回油箱，只有极少部分经过阀 2、阀 3 或阀 1 的先导式溢流阀流回油箱。

2. 减压回路

减压回路的功能在于使系统某一支路上具有低于系统压力的稳定工作压力，如在机床的工件夹紧、导轨润滑及液压系统的控制油路中常需用减压回路。

（1）一级减压回路　最常见的减压回路是在所需低压的分支路上串接一个定值输出减压阀，如图 3-25 所示。回路中的单向阀 3 在主油路压力由于某种原因低于减压阀 2 的调定值时，用于防止油液倒流，使液压缸 4 的压力不受干扰而突然降低，达到液压缸 4 短时保压作用。

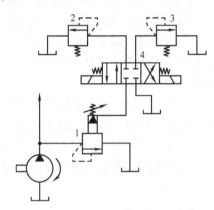
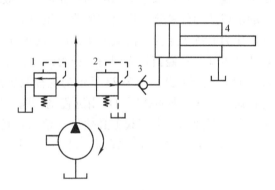

图 3-24　三级调压回路　　　　　　　图 3-25　一级减压回路

1—主溢流阀　2、3—远程调压阀　4—换向阀　　　1—直动式溢流阀　2—减压阀　3—单向阀　4—液压缸

（2）二级减压回路　图 3-26 所示是二级减压回路，阀 3 的调定压力必须低于阀 2。

液压泵的最大工作压力由溢流阀 1 调定。要使减压阀能稳定工作，则其最低调整压力应高于 0.5MPa，最高调整压力应至少比系统压力低 0.5MPa。由于减压阀工作时存在阀口压力损失和泄漏口的容积损失，因此这种回路不宜在需要压力降低很多或流量较大的场合使用。

3. 增压回路

目前，国内外常规液压系统的最高压力等级只能达到 32～40MPa，当液压系统需要更高压力等级时，可以通过增压回路等方法实现这一

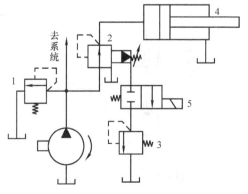

图 3-26　二级减压回路

1—溢流阀　2、3—减压阀

4—液压缸　5—二位二通电磁换向阀

要求。

增压回路用来使系统中某一支路获得比系统压力更高的液压油，增压回路中实现油液压力放大的主要元件是增压器，增压器的增压比取决于增压器大、小活塞的面积之比。

（1）单作用增压器增压回路　图 3-27 所示为使用单作用增压器的增压回路，它适用于单向作用力大、行程小、作业时间短的场合，如制动器、离合器等。

其工作原理如下：当换向阀处于右位时，增压器 1 输出压力为 $p_2 = p_1 A_1 / A_2$ 的液压油进入工作缸 2；当换向阀处于左位时，工作缸 2 靠弹簧力回程，高位油箱 3 的油液在大气压力作用下经油管顶开单向阀向增压器 1 右腔补油。采用这种增压方式的液压缸不能获得连续稳定的高压油源。

（2）双作用增压器增压回路　如图 3-28 所示是采用双作用增压器的增压回路，它能连续输出高压油，适用于增压行程要求较长的场合。

当工作缸 4 向左运动遇到较大负载时，系统压力升高，油液经顺序阀 1 进入双作用增压器 2，增压器活塞不论向左或向右运动，均能输出高压油，只要换向阀 3 不断切换，增压器 2 就不断往复运动，高压油就连续经单向阀 7 或 8 进入工作缸 4 右腔，此时单向阀 5 或 6 有效地隔开了增压器的高、低压油路。工作缸 4 向右运动时增压回路不起作用。

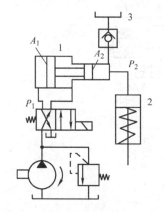 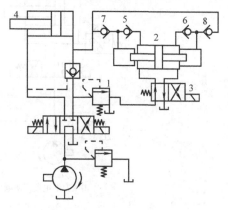

图 3-27　单作用增压器增压回路　　　图 3-28　双作用增压器增压回路

1—增压器　2—工作缸　3—高位油箱　　　1—顺序阀　2—增压器　3—换向阀

　　　　　　　　　　　　　　　　　　　　4—工作缸　5、6、7、8—单向阀

4. 顺序动作回路

（1）顺序阀控制的顺序动作回路　图 3-29 所示为顺序阀控制的顺序动作回路。工作时液压系统的动作顺序为：夹具夹紧零件→工作台进给→工作台退出→夹具松开零件。其控制回路的工作过程如下：回路工作前，夹紧缸 1 和进给缸 2 均处于起点位置，当换向阀 5 左位接入回路时，夹紧缸 1 的活塞向右运动使夹具夹紧零件，夹紧零件后会使回路压力升高到顺序阀 3 的调定压力，顺序阀 3 开启，此时进给缸 2 的活塞才能向右运动进行切削加工；加工完毕，通过手动或操纵装置使换向阀 5 右位接入回路，进给缸 2 活塞先退回到左端点后，引起回路压力升高，使顺序阀 4 开启，夹紧缸 1 活塞退回原位将夹具松开。这样就完成了一个完整的多缸顺序动作循环。

显然，这种回路动作的可靠性取决于顺序阀的性能及其压力的调定值，即每个顺序阀的调定压力必须比先动作液压缸的压力高出 0.8 ～ 1.0MPa。否则，顺序阀易在系统压力波动中造成误动作，也就是零件未夹紧就钻孔。

由此可见，这种回路适用于液压缸数目不多、负载变化不大的场合。

（2）压力控制顺序动作回路　如图 3-30 所示，按起动按钮，电磁铁 YA1 得电，电磁换向阀 3 的左位接入回路，液压缸 1 活塞前进到右端点后，回路压力升高。压力继电器 1K 动作，使电磁铁 YA3 得电，电磁换向阀 4 的左位接入回路，液压缸 2 活塞向右运动；按返回按钮，YA1、YA3 同时失电，且 YA4 得电，使电磁换向阀 3 中位接入回路、电磁换向阀 4 右位接入回路，导致液压缸 1 锁定在右端点位置、液压缸 2 活塞向左运动，当液压缸 2 活塞退回原位后，回路压力升高，压力继电器 2K 动作，使 YA2 得电，电磁换向阀 3 右位接入回路，

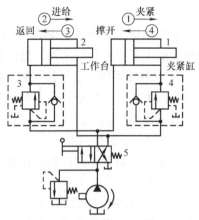

图 3-29　顺序阀控制的顺序动作回路
1—夹紧缸　2—进给缸
3、4—顺序阀　5—换向阀

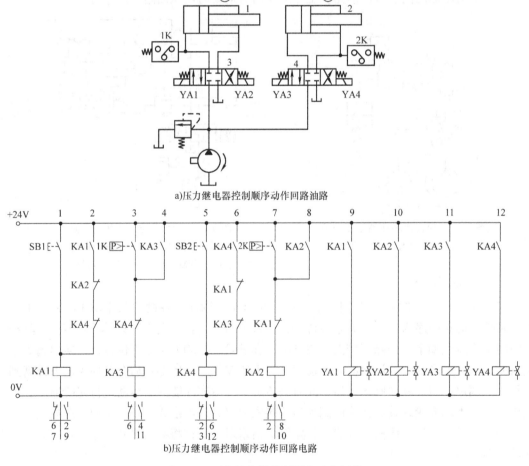

a)压力继电器控制顺序动作回路油路

b)压力继电器控制顺序动作回路电路

图 3-30　压力继电器控制顺序动作回路
1、2—液压缸　3、4—电磁换向阀

液压缸 1 活塞后退至起点。在压力控制的顺序动作回路中，顺序阀或压力继电器的调定压力必须大于前一动作执行元件的最高工作压力的 10%～15%，否则在管路中的压力冲击或波动下会造成误动作，引起事故。

这种回路只适用于系统中执行元件数目不多、负载变化不大的场合。

（3）行程控制顺序动作回路　图 3-31a 所示是采用行程阀控制的多缸顺序动作回路。图示位置两液压缸活塞均退至左端点。当电磁换向阀 3 左位接入回路后，液压缸 1 活塞先向右运动，当活塞杆上的行程挡块压下行程阀 4 后，液压缸 2 活塞才开始向右运动，直至两个缸先后到达右端点；将电磁换向阀 3 右位接入回路，使液压缸 1 活塞先向左退回，在运动中其行程挡块离开行程阀 4 后，行程阀 4 自动复位，其下位接入回路，这时液压缸 2 活塞才开始向左退回，直至两个缸都到达左端点。这种回路动作可靠，但要改变动作顺序较为困难。

图 3-31b 是采用行程开关控制电磁换向阀的多缸顺序动作回路。按起动按钮，电磁铁 YA1 得电。液压缸 1 活塞先向右运动，当活塞杆上的行程挡块压下行程开关 S2 后，使电磁

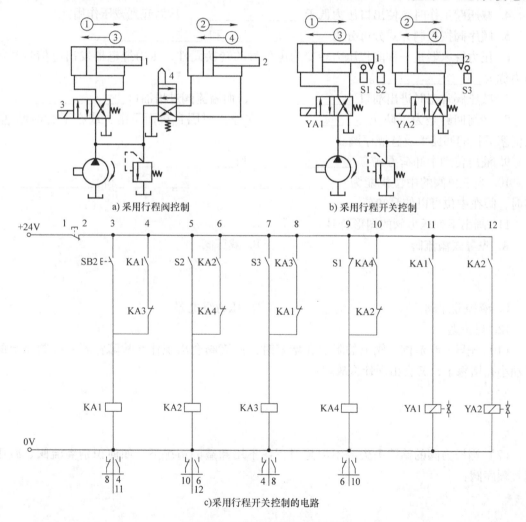

a）采用行程阀控制　　　b）采用行程开关控制

c）采用行程开关控制的电路

图 3-31　行程控制顺序动作回路

1、2—液压缸　3—电磁换向阀　4—行程阀

铁 YA2 得电，液压缸 2 活塞才向右运动，直到压下 S3，使 YA1 失电，液压缸 1 活塞向左退回，而后压下行程开关 Sl，使 YA2 失电，液压缸 2 活塞再退回。在这种回路中，调整行程挡块位置，可调整液压缸的行程，通过电控系统可任意改变动作顺序，方便灵活，应用广泛。

3.4 学习任务应知考核

1. 液压系统中常用的溢流阀有_____和_____两种。前者用于_____，后者用于_____。

2. 先导式溢流阀由_____和_____两部分组成。

3. 溢流阀在液压系统中，主要作用是_____、_____、和_____。

4. 减压阀工作时，使出口压力低于_____，从而起到减压作用。

5. 顺序阀按控制方式分可分为_____和_____。

6. 压力继电器是一种能将压力转变为电信号的转换元件，压力继电器发出电信号时的压力称为_____。

7. 减压阀常态时进出油口_____，而溢流阀进出油口_____。

8. 平衡回路是为了防止_____在停止时因自重而下滑，或在下行时超速，在活塞下行的回路上设置顺序阀。

9. 液压传动中卸荷方式有_____和_____。

10. 当三位阀的中位机能为_____、_____和_____型时，阀在中位可以使泵卸荷。

11. 画出下列压力阀的图形符号

A. 先导式溢流阀   B. 减压阀

C. 液控顺序阀   D. 压力继电器

12. 讨论题

（1）先导式溢流阀主阀上的阻尼孔堵塞时，溢流阀会出现什么故障？若先导阀座上的进油小孔堵塞了，又会出现什么故障？

（2）当压力阀的铭牌丢失或不清楚时，在不用卸载的情况下，如何识别溢流阀、减压阀及顺序阀？

任务 4　液压传动系统流量控制回路的安装与调试

4.1　学习任务要求

4.1.1　知识目标
1. 掌握流量控制阀的基本原理。
2. 掌握速度控制回路的特点和应用。

4.1.2　素质目标
1. 遵守现场操作的职业规范，具备安全、整洁、规范实施工作任务的能力。
2. 具有良好的职业道德、职业责任感和不断学习的精神。
3. 具有不断开拓创新的意识。
4. 以积极的态度对待训练任务，具有团队交流和协作能力。

4.1.3　能力目标
1. 能明确任务，正确选用各种流量控制阀。
2. 能按照工艺文件和装配原则，通过小组讨论，写出安装调试简单流量控制回路的步骤。
3. 能正确选择液压系统的拆装、调试工具、维修工具和量具等，并按规定领用。
4. 能按照要求，合理布局液压元件，并根据图样搭建回路。
5. 能对搭建好的液压回路进行调试及排除故障，恢复其工作要求。
6. 能严格遵守起吊、搬运、用电、消防等安全操作规程要求。
7. 能按照企业工作制度请操作人员验收，交付使用，并填写调试记录。
8. 能按 6S 工作要求，整理场地，归置物品，并按照环保规定处置废油液等废弃物。
9. 能写出完成此项任务的工作小结。

4.2　工作页

4.2.1　工作任务情景描述
　　某工厂要加工汽车发动机中的曲轴，属于大批量生产，需要设计一个数控机床右侧顶尖动作的液压系统。曲轴加工前，必须用顶尖顶紧工件后，才能进行下一步的零件加工。图 4-1 所示为数控机床加工仓内，此时加工仓内无工件，右侧顶尖为缩回去的状态；图 4-2 所示为加工仓内有工件的状态，此时右侧顶尖跟图 4-1 所示状态是一样的，也处于无动作状态，顶尖前端距离曲轴法兰的中心孔有 10cm 距离；图 4-3 所示为数控机床右侧顶尖在液压缸的驱动下，向左移动，顶紧曲轴法兰中心孔的状态。待工进夹紧完毕，机床进行加工。而数控机床右侧顶尖动作的液压系统要求如下：
　　1）由于是大批量生产，为提高效率，增加产量，右侧顶尖向左移动 0～8cm 时，右侧顶尖要快速前进（快进）。

数控机床
右侧顶尖

图 4-1　数控机床加工仓内（无工件）

数控机床
右侧顶尖

图 4-2　数控机床加工仓内（有工件，顶尖不顶紧工件）

数控机床
右侧顶尖

图 4-3　数控机床加工仓内（有工件，顶尖顶紧工件）

2）为了防止右侧顶尖向左移动过快撞到工件而产生工件返修或报废，在右侧顶尖最后行程的 8～10 厘米过程中，右侧顶尖需要由快速变为慢速的状态（工进）。

3）工件加工完后，右侧顶尖能快速地缩回原位（快退）。工厂将数控机床右侧顶尖动作的液压系统设计及安装调试任务交给了工作小组，要求在两周时间内完成任务，并交付使用。

4.2.2　工作流程与活动

小组成员在接到任务后，到现场与操作人员沟通，认真观察数控机床结构，查阅数控机床相关技术参数资料后，进行任务分工安排，制订工作流程和步骤，做好准备工作；在工作过程中，通过对数控机床右侧顶尖动作液压系统的设计、安装、调试及不断优化，搭建好数控机床右侧顶尖动作的液压系统。安装调试完成后，请操作人员验收，合格后交付使用，并填写调试记录。最后，撰写工作小结，小组成员进行经验交流。在工作过程中严格遵守起吊、搬运、用电、消防等安全操作规程，按照现场管理规范清理场地、归置物品，并按照环保规定处置废油液等废弃物。

学习活动 1　接受工作任务、制订工作计划

学习活动 2　数控机床右侧顶尖动作液压系统的安装调试

学习活动 3　　任务验收、交付使用
学习活动 4　　工作总结与评价

学习活动 1　　接受工作任务、制订工作计划

学习目标

1. 能识读生产派工单，接受数控机床右侧顶尖动作液压系统的安装调试工作任务，明确任务要求。

2. 能查阅资料，了解数控机床右侧顶尖动作液压系统的组成、结构等相关知识。

3. 查阅相关技术资料，了解数控机床右侧顶尖动作液压系统的主要工作内容。

4. 能正确选择数控机床右侧顶尖动作液压系统的拆装、调试所用的工具、量具等，并按规定领用。

5. 能制订数控机床右侧顶尖动作液压系统安装调试工作计划。

学习过程

1. 仔细阅读下面的生产派工单，按照生产派工单提供的基本信息，查阅相关资料，明确工作任务的内容和要求。随着学习活动的展开，逐项填写生产派工单中的空白项目内容，完成学习任务。

生产派工单

单号：		开单部门：		开单人：	
开单时间：　年　月　日　时　分			接单人：　部　　小组		
					（签名）
以下由开单人填写					
产品名称			完成工时		工时
产品技术要求					
以下由接单人和确认方填写					
领取材料 （含消耗品）			成本核算	金额合计： 仓管员（签名） 　　　年　月　日	
领用工具					
操作者检测				（签名） 年　月　日	
班组检测				（签名） 年　月　日	
质检员检测				（签名） 年　月　日	
生产数量统计	合格				
	不良				
	返修				
	报废				
统计：		审核：		批准：	

2. 根据任务要求，对现有小组成员进行合理分工，并填写分工表。

序号	组员姓名	组员任务分工	备注

3. 查阅资料，小组讨论并制订数控机床右侧顶尖动作液压系统安装调试的工作计划。

序号	工作内容	完成时间	工作要求	备注
1	接受生产派工单		认真识读生产派工单，了解任务要求	
2				
3				
4				
5				
6				
7				
8				
9				
10				
11				
12				
13				
14				

学习活动过程评价表

班级		姓名		学号		日期		年 月 日
评价内容（满分100分）		学生自评	同学互评	教师评价	总评/分
专业技能（60分）	工作页完成进度（30分）				A（86~100） B（76~85） C（60~75） D（60以下）
	对理论知识的掌握程度（10分）				
	理论知识的应用能力（10分）				
	改进能力（10分）				
综合素养（40分）	遵守现场操作的职业规范（10分）				
	信息获取的途径（10分）				
	按时完成学习和工作任务（10分）				
	团队合作精神（10分）				
总　分					
综合得分 （学生自评10%、同学互评10%、教师评价80%）					
小结建议					

现场测试考核评价表

班级		姓名		学号		日期		年　月　日
序号	评价要点				配分/分	得分		总评/分
1	能正确识读并填写生产派工单，明确工作任务				10			
2	能查阅资料，熟悉液压系统的组成和结构				10			
3	能根据工作要求，对小组成员进行合理分工				10			
4	能列出液压系统安装和调试所需的工具、量具清单				10			A（86~100）
5	能制订数控机床右侧顶尖动作液压系统工作计划				20			B（76~85）
6	能遵守劳动纪律，以积极的态度接受工作任务				10			C（60~75）
7	能积极参与小组讨论，团队间相互合作				20			D（60以下）
8	能及时完成老师布置的任务				10			
总分					100			
小结建议								

学习活动2　数控机床右侧顶尖动作液压系统的安装调试

学习目标

1. 能根据所学知识画出数控机床右侧顶尖动作液压系统中控制元件的图形符号及写出其用途。

2. 能够根据任务要求，完成数控机床右侧顶尖动作液压系统的设计和调试。

3. 能在搭建和调试回路中发现问题，提出问题产生的原因和排除方法。

4. 能参照有关书籍及上网查阅相关资料。

学习过程

我们已经学习了流量控制阀的基本原理及速度控制回路的类型和应用，请你结合所学知识完成以下任务。

（1）根据阀的名称，画出下表对应的液压元件符号，并写出其特点和用途。

序号	名称	结构	实物	符号
1	普通节流阀			

（续）

序号	名称	结构	实物	符号
2	单向节流阀			
3	调速阀			

（2）了解节流阀的结构和功能。

1）根据图 4-4 和图 4-5 描述节流阀的工作原理及功能。

_____

_____

_____

_____

_____

图 4-4　节流阀结构

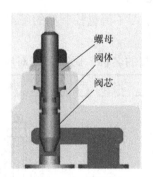

图 4-5　节流阀油液走向

2）描述图 4-6 所示各节流阀的作用。

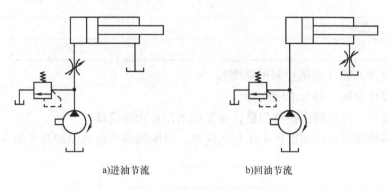

a)进油节流　　　　　　b)回油节流

图 4-6 　 进油节流和回油节流

a) _____
_____
_____

b) _____
_____

（3）了解单向节流阀的结构。

根据图 4-7 描述单向节流阀的工作原理及功能。

_____
_____
_____
_____

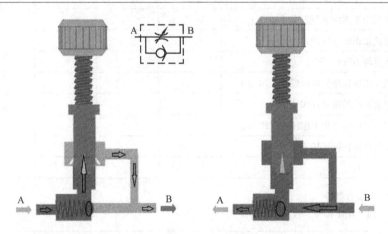

图 4-7 　 单向节流阀

（4）数控机床右侧顶尖动作液压系统设计。

1）根据任务要求，选择搭建液压回路所需要的液压元器件，写下确切的名字。

动力元件 _____

执行元件_____

控制元件_____

辅助元件_____

2）画出设计方案（液压控制回路图）。

3）展示设计方案，并与老师交流。

4）在实验台上搭建液压控制回路，并完成动作及功能测试。

5）记录搭建和调试控制回路中出现的问题，说明问题产生的原因和排除方法。

问题1：_____

原因：_____

_____

排除方法：_____

_____

问题2：_____

原因：_____

_____

排除方法：_____

_____

教师签名：

最后请您将自己的解决方案与其他同学的进行比较，讨论出最佳的设计方案。

学习活动过程评价表

班级		姓名		学号		日期		年　月　日	
评价内容（满分100分）				学生自评	同学互评	教师评价	总评/分		
专业技能 （60分）	工作页完成进度（30分）						A（86~100） B（76~85） C（60~75） D（60以下）		
	对理论知识的掌握程度（10分）								
	理论知识的应用能力（10分）								
	改进能力（10分）								
综合素养 （40分）	遵守现场操作的职业规范（10分）								
	信息获取的途径（10分）								
	按时完成学习和工作任务（10分）								
	团队合作精神（10分）								
总　分									
综合得分 （学生自评10%、同学互评10%、教师评价80%）									
小结建议									

现场测试考核评价表

班级		姓名		学号		日期		年　月　日
序号	评价要点				配分/分	得分		总评/分
1	能明确工作任务				10			
2	能画出规范的液压职能符号				10			
3	能设计出正确的液压原理图				20			
4	能正确找到液压原理图上的元器件				10			A（86~100）
5	能根据原理图搭建回路				20			B（76~85）
6	能按正确的操作规程进行安装调试				10			C（60~75）
7	能积极参与小组讨论，团队间相互合作				10			D（60以下）
8	能及时完成老师布置的任务				10			
总　分					100			
小结建议								

学习活动 3　任务验收、交付使用

 **学习目标**

1. 能完成设备调试验收单的填写，明确验收要求。
2. 能按照企业工作制度请操作人员验收，并交付使用。
3. 能按照企业 6S 管理要求进行现场整理。

学习过程

1. 根据任务要求，熟悉调试验收单格式，并完成验收单的填写工作。

设备调试验收单

调试项目	数控机床右侧顶尖动作液压系统的安装调试
调试单位	
调试时间节点	
验收日期	
验收项目及要求	
验收人	

2. 查阅相关资料，分别写出空载试机和负载试机的调试要求。

液压系统调试记录单

调试步骤	调试要求
空载试机	
负载试机	

3. 验收结束后，按照企业 6S 管理要求，整理现场，并完成下列表格的填写。

序号	名称	自我评价	做得较好的方面	做得不满意的方面	改进措施
1	整理				
2	整顿				
3	清扫				
4	清洁				
5	素养				
6	安全				

学习活动过程评价表

班级		姓名		学号		日期		年　月　日
评价内容（满分100分）			学生自评	同学互评	教师评价	总评/分		
专业技能（60分）	工作页完成进度（30分）							
	对理论知识的掌握程度（10分）					A（86~100）		
	理论知识的应用能力（10分）					B（76~85）		
	改进能力（10分）					C（60~75）		
综合素养（40分）	遵守现场操作的职业规范（10分）					D（60以下）		
	信息获取的途径（10分）							
	按时完成学习和工作任务（10分）							
	团队合作精神（10分）							
总　分								
综合得分（学生自评10%、同学互评10%、教师评价80%）								
小结建议								

现场测试考核评价表

班级		姓名		学号		日期		年　月　日
序号	评价要点				配分/分	得分		总评/分
1	能正确填写设备调试验收单				15			
2	能说出项目验收的要求				15			
3	能对安装的液压元件进行性能测试				15			
4	能对液压系统进行调试				15			A（86~100）
5	能按企业工作制度请操作人员验收，并交付使用				10			B（76~85）
6	能按照 6S 管理要求清理场地				10			C（60~75）
7	能遵守劳动纪律，以积极的态度接受工作任务				5			D（60 以下）
8	能积极参与小组讨论，团队间相互合作				10			
9	能及时完成老师布置的任务				5			
总　　分					100			
小结建议								

学习活动 4　工作总结与评价

1. 能按分组情况，分别派代表展示工作成果，说明本次任务的完成情况，并作分析总结。

2. 能结合自身任务完成情况，正确规范撰写工作总结（心得体会）。

3. 能就本次任务中出现的问题，提出改进措施。

4. 能对学习与工作进行反思总结，并能与他人开展良好合作，进行有效的沟通。

学习过程

1. 展示评价（个人、小组评价）

每个人先在组里进行经验交流与成果展示，再由小组推荐代表作必要的介绍。在交流的过程中，以组为单位进行评价；评价完成后，根据其他组成员对本组设备安装调试的评价意见进行归纳总结。完成如下项目：

（1）交流的结论是否符合生产实际？

符合□　　　　基本符合□　　　　不符合□

（2）与其他组相比，本小组设计的安装调试工艺如何？

工艺优化□　　工艺合理□　　　　工艺一般□

（3）本小组介绍经验时表达是否清晰？

很好□　　　　一般，常补充□　　　不清楚□

（4）本小组演示时，安装调试是否符合操作规程？

正确□　　　　部分正确□　　　　不正确□

（5）本小组演示操作时遵循了"6S"的工作要求吗？

符合工作要求□　　　忽略了部分要求□　　　完全没有遵循□

（6）本小组的成员团队创新精神如何？

良好□　　　　　一般□　　　　　不足□

2. 自评总结（心得体会）

_____

_____

_____

_____

3. 教师评价

（1）找出各组的优点进行点评。

（2）对展示过程中各组的缺点进行点评，提出改进方法。

（3）对整个任务完成中出现的亮点和不足进行点评。

总体评价表

班级：　　　　　姓名：　　　　　学号：

项目	自我评价/分			小组评价/分			教师评价/分		
	10~9	8~6	5~1	10~9	8~6	5~1	10~9	8~6	5~1
	占总评10%			占总评30%			占总评60%		
学习活动1									
学习活动2									
学习活动3									
学习活动4									
协作精神									
纪律观念									
表达能力									
工作态度									
安全意识									
任务总体表现									
小计									
总评									

4.3　信息采集

4.3.1　流量控制阀

在液压传动系统中，节流阀是结构最简单的流量控制阀，被广泛应用于负载变化不大或对速度稳定性要求不高的液压传动系统中。节流阀节流口的形式有很多种，如图4-8所示为几种常见的形式。

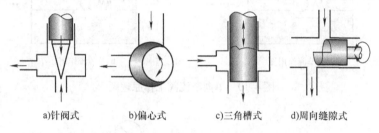

a)针阀式　　　　b)偏心式　　　　c)三角槽式　　　d)周向缝隙式

图4-8　常用节流阀节流口的形式

节流阀实物图及图形符号如图4-9所示。

（1）节流阀的流量特性　影响节流阀流量稳定性的因素主要有以下两个方面：

1）温度的影响。液压油的温度影响到油液的黏度，黏度增大，流量变小；黏度减小，流量变大。

2）节流阀输入口、输出口的压差。节流阀两端的压差和通过它的流量有固定的比例关系。压差越大，流量越大；压差越小，流量越小。节流阀的刚度反映了节流阀抵抗负载变化的干扰、保持流量稳定的能力。节流阀的刚度越大，流量随压差的变化越小；刚度越小，流量随压差的变化就越大。

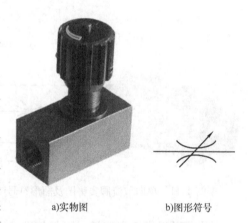

a)实物图　　　　　b)图形符号

图4-9　节流阀实物图及图形符号

普通节流阀由于刚度差，在节流开口一定的条件下通过它的工作流量受工作负载（也即其出口压力）变化的影响，不能保持执行元件运动速度的稳定，因此只适用于工作负载变化不大和速度稳定性要求不高的场合。

（2）单向节流阀工作原理　将节流阀与单向阀并联即构成了单向节流阀。

1）如图4-10所示为单向节流阀的工作原理图。

当油液从 A 口流向 B 口时，起节流作用；当油液由 B 口流向 A 口时，单向阀打开，无节流作用。液压系统中的单向节流阀可以单独调节执行部件某一个方向上的速度。

2）图4-11所示为单向节流阀实物图及图形符号。

（3）调速阀

图4-12所示为单向节流阀的工作原理图。

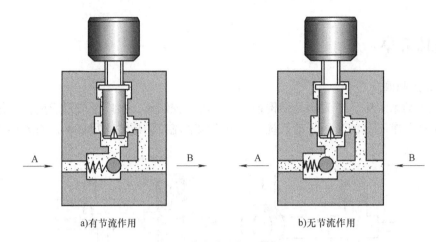

a)有节流作用   b)无节流作用

图 4-10   单向节流阀工作原理图

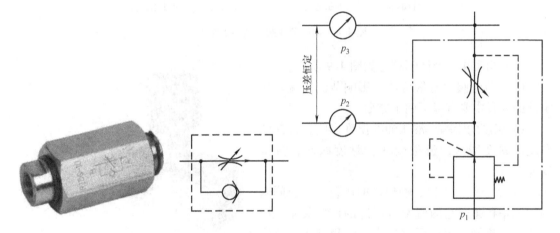

图 4-11   单向节流阀实物图及图形符号   图 4-12   单向节流阀工作原理图

调速阀可提供恒定流量，而与其进、出油口压力变化无关。首先，通过调节螺杆调节节流口开度，以获得期望流量。其次，定差减压阀可以保证其节流口前后之间的压差恒定。如果由于负载影响，压力升高，则可以通过打开定差减压阀而使调速阀的整个流速减小，从而使节流口前后之间的压差恒定。

4.3.2   流量控制回路的应用

1. 由节流阀组成的调速回路

调速回路是用来调节执行元件运行速度的回路。

根据节流阀在回路中的位置不同，节流调速回路分为进油路节流调速、回油路节流调速和旁油路节流调速三种。

（1）进油路节流调速回路   如图 4-13 所示，将节流阀串联在液压泵和液压缸之间，通过调节节流阀的通流

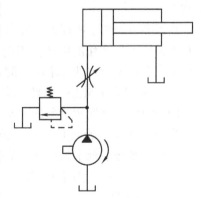

图 4-13   进油路节流调速回路

截面面积可以改变进入液压缸的流量，从而调节执行元件的运动速度。

进油路节流调速回路的特点：

1）由于油液要流经节流阀后才进入液压缸，故油温高、泄漏量大；又由于没有背压，所以不能在负值负载（负载方向与液压缸活塞的工作方向相同时）下工作。

2）在使用单杆液压缸的场合，无杆腔的进油量大于有杆腔的回油量，当通过节流阀的流量为最小稳定流量时，可使执行元件获得更低的稳定速度。

3）因起动时进入液压缸的流量受到节流阀的控制，故可减少起动时的冲击。

4）液压泵在恒压恒流量下工作，输出功率不随执行元件的负载和速度的变化而变化，多余的油液经溢流阀流回油箱，造成功率浪费，故效率低。

5）进油腔的压力将随负载而变化，当工作部件碰到止挡块而停止后，节流阀出口压力急剧升高，利用这一压力变化来实现压力控制（如压力继电器）是非常方便的。

应用：在进油路节流调速回路中，工作部件的运动速度随外负载的增减而忽慢忽快，难以得到准确的速度，故适用于低速轻载的场合。

（2）回油路节流调速回路　如图4-14所示，回油路节流调速回路将节流阀串联在液压缸和油箱之间，以限制液压缸的回油量，从而达到调速的目的。

回油路节流调速回路的特点如下：

1）因节流阀串联在回油路上，油液要经节流阀才能流回油箱，可减少系统发热和泄漏，而节流阀又起背压作用，故运动平稳性较好。同时，节流阀还具有承受负值负载的能力。

2）与进油路节流调速回路一样，也是将多余油液由溢流阀带走，造成功率损失，故效率低。

3）停止后的起动冲击较大。

应用：回油路节流调速回路多用在功率不大，但载荷变化较大、运动平稳性要求较高的液压系统中，如磨削和精磨的组合机床上。

（3）旁油路节流调速回路　如图4-15所示，将节流阀并联在液压泵和液压缸的分支油路上，液压泵输出的流量一部分经节流阀流回油箱，一部分进入液压缸。在定量泵供油量一

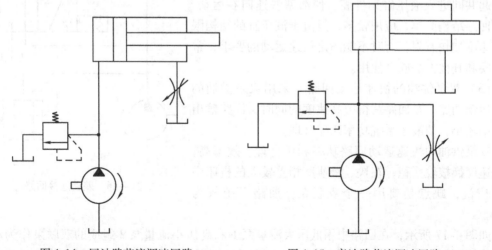

图4-14　回油路节流调速回路　　　　　图4-15　旁油路节流调速回路

定的情况下，通过节流阀的流量大时，进入液压缸的流量就小，于是执行元件运动速度减小；反之则速度增大。因此可以通过调节节流阀改变流回油箱的油量来控制进入液压缸的流量，从而改变执行元件的运动速度。

旁油路节流调速回路的特点如下：

1）一方面由于没有背压而使执行元件运动速度不稳定，另一方面由于液压泵压力随负载变化而变化，故引起液压泵泄漏量也随之变化，导致液压泵实际输出量的变化，这就增大了执行元件运动的不平稳性。

2）随着节流阀开口增大，系统能够承受的最大负载将减小，即低速时承载能力小。与进油路节流调速回路和回油路节流调速回路相比，它的调速范围较小。

3）液压泵的压力随负载而变，溢流阀无溢流损耗，所以功率利用比较经济，效率比较高。

应用：旁油路节流调速回路适用于负载变化小、对运动平稳性要求不高的高速重载的场合，如牛头刨床的主传动系统。有时候也可用在随着负载增大，要求进给速度自动减小的场合。

4.3.3 典型速度控制回路

在液压传动系统中，有时需要完成一些特殊的运动，比如快速运动、速度变换等，要完成这些任务，就需要由特殊的控制回路来完成。

（1）快速运动回路 为了提高生产效率，机床工作部件常常要求实现空行程（或空载）的快速运动。这时要求液压系统流量大而压力低，这和工作运动时一般需要的流量较小和压力较高的情况正好相反。对快速运动回路的要求主要是在快速运动时，尽量充分利用液压泵输出的流量，减小能量消耗，以提高生产率。

（2）差动连接回路 这是在不增加液压泵输出流量的情况下，提高工作部件运动速度的一种快速回路。图 4-16 所示为一简单的差动连接回路，换向阀处于右位时，液压缸有杆腔的回油流量和液压泵输出的流量合在一起共同进入液压缸无杆腔，使活塞快速向右运动。这种回路结构简单、应用较多，但由于液压缸的结构限制、速度加快有限，有时不能满足快速运动的要求，常常需要和其他方法联合使用。

（3）双泵供油的快速运动回路 采用双泵供油的快速运动回路，在回路获得很高速度的同时，回路输出的功率较小，使液压系统功率匹配合理。

双泵供油的快速运动回路功率利用合理、效率高，并且速度换接较平稳，在快、慢速度相差较大的机床中应用广泛，缺点是要用一个双联泵，油路系统较为复杂。

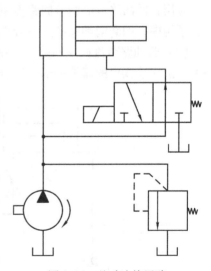

图 4-16 差动连接回路

如图 4-17 所示，在回路中用低压大流量泵 1 和高压小流量泵 2 组成的双联泵作为动力源；外控顺序阀 3（卸荷阀）和溢流阀 5 分别设定双泵供油和高压小流量泵 2 供油时系统的最高工作压力。当换向阀 6 处于图示位置时，由于空载负载很小、系统压力很低，如果系统压力低于卸荷阀 3 调定压力，卸荷阀 3 处于关闭状态，低压大流量泵 1 的输出流量顶开单向阀 4，与高压小流量泵 2 的流量汇合实现两个泵同时向系统供油，活塞快速向右运动，此时尽管回路的流量很大，但由于负载很小、回路的压力很低，所以回路输出的功率并不大；当换向阀 6 处于右位，由于节流阀 7 的节流作用，造成系统压力达到或超过卸荷阀 3 的调定压力，使卸荷阀 3 打开，导致大流量泵 1 经过卸荷阀 3 卸荷，单向阀 4 自动关闭，将高压小流量泵 2 与低压大流量泵 1 隔离，只有高压小流量泵 2 向系统供油，活塞慢速向右运动，溢流阀 5 处于溢流状态，保持系统压力基本不变，此时只有高压小流量泵 2 在工作。大流量泵 1 卸荷，减少了动力消耗，回路效率较高。

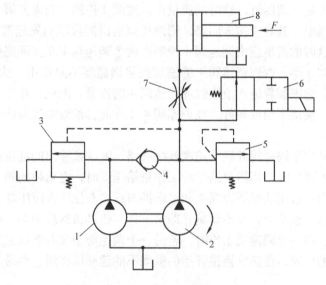

图 4-17　双泵供油回路

1—低压大流量泵　2—高压小流量泵　3—卸荷阀　4—单向阀　5—溢流阀　6—换向阀　7—节流阀　8—液压缸

（4）速度换接回路　速度换接回路用于执行元件实现两种不同速度之间的切换，这种速度换接分为快速—慢速之间换接和慢速—慢速之间换接两种形式。对速度换接回路的要求是：具有较高的换接平稳性及速度换接精度。

1）快速—慢速之间的速度换接回路。采用行程阀（或电磁阀）的速度换接回路，如图 4-18 所示，当换向阀 4 处于图示位置时，节流阀 2 不起作用，液压缸活塞处于快速运动状态，当快进到预定位置，与活塞杆刚性相连的行程挡铁压下行程阀 1（二位二通机动换向阀），行程阀关闭，液压缸右腔油液必须通过节流阀 2 后才能流回油箱，回路进入回油节流调速状态，活塞运动转为慢速工进。当换向阀 4 左位

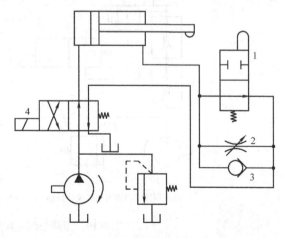

图 4-18　行程阀控制的速度换接回路

1—行程阀　2—节流阀　3—单向阀　4—换向阀

接入回路时，液压油经单向阀3进入液压缸右腔，使活塞快速向左返回，在返回的过程中逐步将行程阀1放开。这种回路速度切换过程比较平稳，冲击小，换接点位置准确，换接可靠。但受结构限制，行程阀安装位置不能任意布置，管路连接较为复杂。

2）两种慢速之间的速度换接回路。对于某些自动机床、注塑机等，需要在自动工作循环中变换两种以上的工作进给速度。这时需要采用两种（或多种）工作进给速度的换接回路。

如图4-19所示为用两个调速阀来实现两种工作进给速度换接的回路。

图4-19a所示为两个调速阀串联的速度换接回路。图中液压泵输出的液压油经调速阀3和电磁换向阀5左位进入液压缸，这时的流量由调速阀3控制。当需要第二种工作进给速度时，电磁换向阀5通电，其右位接入回路，则液压泵输出的液压油先经调速阀3，再经调速阀4进入液压缸，这时的流量应由调速阀4控制，两个调速阀串联在回路中，调速阀4的节流口应调得比调速阀3小，否则调速阀4的速度换接回路将不起作用。这种回路在工作时，调速阀3一直工作，它限制着进入液压缸或调速阀4的流量，因此，在速度换接时不会使液压缸产生前冲现象，换接平稳性较好。在调速阀4工作时，油液需流经两个调速阀，故能量损失较大。

图4-19b所示是两个调速阀并联的速度换接回路。液压泵输出的液压油经调速阀3和电磁换向阀5左位进入液压缸。当需要第二种工作进给速度时，电磁换向阀5通电，其右位接入回路，液压泵输出的液压油经调速阀4和电磁换向阀5右位进入液压缸。这种回路中两个调速阀的节流口可以单独调节，互不影响，即第一种工作进给速度和第二种工作进给速度相互间没有什么限制。但一个调速阀工作时，若另一个调速阀中没有油液通过，那么它的减压阀则处于完全打开的位置，在速度换接开始的瞬间不能起减压作用，容易出现部件突然前冲的现象。

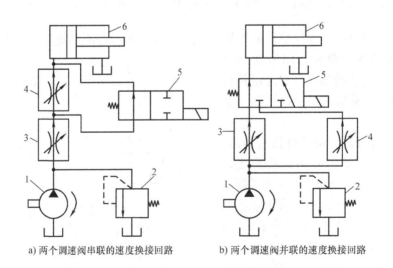

a) 两个调速阀串联的速度换接回路　　b) 两个调速阀并联的速度换接回路

图4-19　用两个调速阀的速度换接回路

1—液压泵　2—溢流阀　3、4—调速阀　5—换向阀　6—液压缸

4.4 学习任务应知考核

1. 节流阀是结构最简单的_____控制阀。
2. 调速阀是由_____阀和_____阀串联而成的。
3. 液压缸的输入量是液体的_____和压力。
4. 影响节流阀流量稳定性的因素主要有_____和_____。
5. 将_____与_____并联即构成了单向节流阀。
6. _____可提供恒定流量，而与其进、出油口压力变化无关。
7. 调速回路是用来调节_____运行速度的回路。
8. 在_____调速回路中，工作部件的运动速度随外负载的增减而忽慢忽快，难以得到准确的速度。

任务 5　液压传动系统多缸顺序动作控制回路的安装与调试

5.1　学习任务要求

5.1.1　知识目标

1. 掌握顺序阀、压力继电器的原理。
2. 掌握顺序控制回路的特点和应用。

5.1.2　素质目标

1. 遵守现场操作的职业规范，具备安全、整洁、规范实施工作任务的能力。
2. 具有良好的职业道德、职业责任感和不断学习的精神。
3. 具有不断开拓创新的意识。
4. 以积极的态度对待训练任务，具有团队交流和协作能力。

5.1.3　能力目标

1. 能明确任务，正确选用各种顺序控制元件。
2. 能按照工艺文件和装配原则，通过小组讨论，写出安装调试简单动作控制回路的步骤。
3. 能正确选择液压系统的拆装、调试工具、维修工具和量具等，并按规定领用。
4. 能按照要求，合理布局液压元件，并根据图样搭建回路。
5. 能对搭建好的液压回路进行调试及排除故障，恢复其工作要求。
6. 能严格遵守起吊、搬运、用电、消防等安全操作规程要求。
7. 能按照企业工作制度请操作人员验收，交付使用，并填写调试记录。
8. 能按 6S 管理要求，整理场地，归置物品，并按照环保规定处置废油液等废弃物。
9. 能写出完成此项任务的工作小结。

5.2　工作页

钻削加工中进给液压缸、夹紧液压缸的顺序动作示意图如图 5-1 所示。

5.2.1　工作任务情景描述

在液压系统中，一个液压源往往要驱动多个液压缸或液压马达工作。系统工作时，要求这些执行元件或顺序动作，或同步动作，或互锁，或互不干扰。因

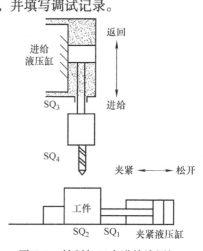

图 5-1　钻削加工中进给液压缸、夹紧液压缸的顺序动作示意图

而，需要有能够满足这些要求的多缸工作控制回路。

本任务仍以钻孔加工为例，要求实现对进给液压缸和夹紧液压缸顺序动作的控制，如图5-1所示。其动作顺序是：

夹紧液压缸夹紧→进给液压缸进给→进给液压缸返回→夹紧液压缸松开。

工厂将钻削加工中进给液压缸、夹紧液压缸的顺序动作的液压系统设计及安装调试任务交给了工作小组，要求在两周时间内完成任务，并交付使用。

5.2.2　工作流程与活动

小组成员在接到任务后，到现场与操作人员沟通，认真观察钻削加工机床结构，查阅机床相关技术参数资料后，进行任务分工安排，制订工作流程和步骤，做好准备工作；在工作过程中，通过对钻削加工中进给液压缸、夹紧液压缸的顺序动作液压系统的设计、安装、调试及不断优化，搭建好钻削加工机床夹紧液压缸夹紧→进给液压缸进给→进给液压缸返回→夹紧液压缸松开顺序动作的液压系统。安装调试完成后，请操作人员验收，合格后交付使用，并填写调试记录。最后，撰写工作小结，小组成员进行经验交流。在工作过程中严格遵守起吊、搬运、用电、消防等安全操作规程，按照现场管理规范清理场地、归置物品，并按照环保规定处置废油液等废弃物。

学习活动1　接受工作任务、制订工作计划

学习活动2　钻削加工液压缸顺序动作液压系统的安装与调试

学习活动3　任务验收、交付使用

学习活动4　工作总结与评价

学习活动1　接受工作任务、制订工作计划

学习目标

1. 能识读生产派工单，接受钻削加工中进给液压缸、夹紧液压缸的顺序动作液压系统的安装调试工作任务，明确任务要求。

2. 能查阅资料，了解钻削加工中进给液压缸、夹紧液压缸的顺序动作液压系统的组成、结构等相关知识。

3. 查阅相关技术资料，了解钻削加工中进给液压缸、夹紧液压缸的顺序动作液压系统的主要工作内容。

4. 能正确选择钻削加工中进给液压缸、夹紧液压缸的顺序动作液压系统的拆装、调试所用的工具、量具等，并按规定领用。

5. 能制订钻削加工中进给液压缸、夹紧液压缸的顺序动作液压系统安装调试工作计划。

学习过程

1. 仔细阅读下面的生产派工单，按照生产派工单提供的基本信息，查阅相关资料，明确工作任务的内容和要求。随着学习活动的展开，逐项填写生产派工单中的空白项目内容，完成学习任务。

生产派工单

单 号：　　　　　　开单部门：　　　　　　　　　　　　开单人：

开单时间：　年 月 日 时 分　　　　　　　　　接单人：　部　　小组

（签名）

以下由开单人填写			
产品名称		完成工时	工时
产品技术要求			

以下由接单人和确认方填写

领取材料 （含消耗品）		成本核算	金额合计： 仓管员（签名） 　　年　月　日
领用工具			
操作者检测			（签名） 年　月　日
班组检测			（签名） 年　月　日
质检员检测			（签名） 年　月　日
生产数量统计	合格		
	不良		
	返修		
	报废		

统计：　　　　　审核：　　　　　批准：

2. 根据任务要求，对现有小组成员进行合理分工，并填写分工表。

序号	组员姓名	组员任务分工	备注

3. 查阅资料，小组讨论并制订钻削加工中进给液压缸、夹紧液压缸的顺序动作液压系统的安装调试的工作计划。

序号	工作内容	完成时间	工作要求	备注
1	接受生产派工单		认真识读生产派工单，了解任务要求	
2				
3				
4				
5				
6				

学习活动过程评价表

班级		姓名		学号		日期		年 月 日	
评价内容（满分100分）		学生自评	同学互评	教师评价	总评/分				
专业技能（60分）	工作页完成进度（30分）								
	对理论知识的掌握程度（10分）								
	理论知识的应用能力（10分）				A（86~100）				
	改进能力（10分）				B（76~85）				
综合素养（40分）	遵守现场操作的职业规范（10分）				C（60~75）				
	信息获取的途径（10分）				D（60以下）				
	按时完成学习和工作任务（10分）								
	团队合作精神（10分）								
总　分									
综合得分（学生自评10%、同学互评10%、教师评价80%）									
小结建议									

现场测试考核评价表

班级		姓名		学号		日期		年 月 日	
序号	评价要点			配分/分	得分	总评/分			
1	能正确识读并填写生产派工单，明确工作任务			10					
2	能查阅资料，熟悉液压系统的组成和结构			10					
3	能根据工作要求，对小组成员进行合理分工			10					
4	能列出液压系统安装和调试所需的工具、量具清单			10		A（86~100）			
5	能制订钻削加工中进给液压缸、夹紧液压缸的顺序动作液压系统工作计划			20		B（76~85）			
6	能遵守劳动纪律，以积极的态度接受工作任务			10		C（60~75）			
7	能积极参与小组讨论，团队间相互合作			20		D（60以下）			
8	能及时完成老师布置的任务			10					
总　分				100					
小结建议									

学习活动 2　钻削加工液压缸顺序动作液压系统的安装与调试

学 习 目 标

1. 能根据所学知识画出钻削加工中进给液压缸、夹紧液压缸的顺序动作液压系统中控制元件的图形符号并写出其用途。

2. 能够根据任务要求，完成钻削加工中进给液压缸、夹紧液压缸的顺序动作液压系统的设计和调试。

3. 能在搭建和调试回路中发现问题，提出问题产生的原因和排除方法。

4. 能参照有关书籍及上网查阅相关资料。

学 习 过 程

我们已经学习了流量控制阀的基本原理及速度控制回路的类型和应用，请你结合所学知识完成以下任务。

（1）根据阀的名称，画出表 5-1 对应的液压元件符号，并写出其特点和用途。

表　5-1

序号	名称	结构	实物	符号
1	顺序阀			
2	压力继电器			

（2）了解顺序阀的结构和功能（见图 5-2）。

1）根据图 5-2 描述顺序阀、压力继电器的工作原理及功能。

2）描述图 5-3 所示顺序阀的作用。

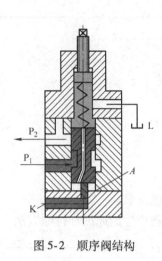

图5-2　顺序阀结构

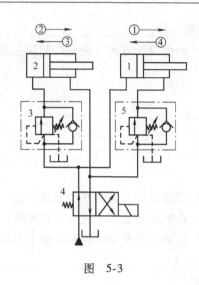

图　5-3

作用：

（3）了解压力继电器的结构　根据图5-4描述压力继电器的工作原理及功能。

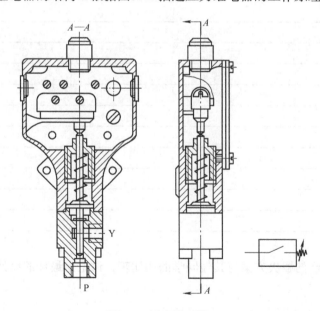

图5-4　压力继电器

（4）钻削加工中进给液压缸、夹紧液压缸的顺序动作液压系统设计。

1）根据任务要求，选择搭建液压回路所需的液压元器件，写下确切的名字。

动力元件_____

执行元件_____

控制元件_____

辅助元件_____

2）画出设计方案（液压控制回路图）。

3）展示设计方案，并与老师交流。

4）在实验台上搭建液压控制回路，并完成动作及功能测试。

5）记录搭建和调试控制回路中出现的问题，说明问题产生的原因和排除方法。

问题 1 _____

原因_____

_____

_____

_____

排除方法_____

_____

_____

_____

问题 2 _____

原因_____

_____

_____

_____

排除方法_____

_____

_____

_____

教师签名：

最后请您将自己的解决方案与其他同学的相比较，讨论出最佳的设计方案。

学习活动过程评价表

班级		姓名		学号		日期		年　月　日	
评价内容（满分100分）				学生自评	同学互评	教师评价	总评/分		
专业技能（60分）	工作页完成进度（30分）								
	对理论知识的掌握程度（10分）						A（86~100）		
	理论知识的应用能力（10分）						B（76~85）		
	改进能力（10分）						C（60~75）		
综合素养（40分）	遵守现场操作的职业规范（10分）						D（60以下）		
	信息获取的途径（10分）								
	按时完成学习和工作任务（10分）								
	团队合作精神（10分）								
总　　分									
综合得分（学生自评10%、同学互评10%、教师评价80%）									
小结建议									

现场测试考核评价表

班级		姓名		学号		日期		年　月　日	
序号	评价要点			配分/分	得分		总评/分		
1	能明确工作任务			10					
2	能画出规范的液压职能符号			10					
3	能设计出正确的液压原理图			20					
4	能正确找到液压原理图上的元器件			10			A（86~100）		
5	能根据原理图搭建回路			20			B（76~85）		
6	能按正确的操作规程进行安装调试			10			C（60~75）		
7	能积极参与小组讨论，团队间相互合作			10			D（60以下）		
8	能及时完成老师布置的任务			10					
总　　分				100					
小结建议									

学习活动3　任务验收、交付使用

学 习 目 标

1. 能完成设备调试验收单的填写，明确验收要求。
2. 能按照企业工作制度请操作人员验收，交付使用。
3. 能按照企业6S管理要求整理现场。

学 习 过 程

1. 根据任务要求，熟悉调试验收单格式，并完成验收单的填写工作。

设备调试验收单	
调试项目	钻削加工中进给液压缸、夹紧液压缸的顺序动作液压系统的安装调试
调试单位	
调试时间节点	
验收日期	
验收项目及要求	
验收人	

2. 查阅相关资料，分别写出空载试车和负载试车的调试要求。

液压系统调试记录单	
调试步骤	调试要求
空载试车	
负载试车	

3. 验收结束后，按照企业6S管理要求，整理现场，并完成下列表格的填写。

序号	名称	自我评价	做得较好的方面	做得不满意的方面	改进措施
1	整理				
2	整顿				
3	清扫				
4	清洁				
5	素养				
6	安全				

学习活动过程评价表

班级		姓名		学号		日期		年　月　日
评价内容（满分100分）			学生自评	同学互评	教师评价	总评/分		
专业技能 （60分）	工作页完成进度（30分）							
	对理论知识的掌握程度（10分）					A（86~100） B（76~85） C（60~75） D（60以下）		
	理论知识的应用能力（10分）							
	改进能力（10分）							
综合素养 （40分）	遵守现场操作的职业规范（10分）							
	信息获取的途径（10分）							
	按时完成学习和工作任务（10分）							
	团队合作精神（10分）							
总　　分								
综合得分 （学生自评10%、同学互评10%、教师评价80%）								
小结建议								

现场测试考核评价表

班级		姓名		学号		日期	年　月　日
序号	评价要点			配分/分	得分	总评/分	
1	能正确填写设备调试验收单			15			
2	能说出项目验收的要求			15			
3	能对安装的液压元件进行性能测试			15			
4	能对液压系统进行调试			15		A（86~100） B（76~85） C（60~75） D（60以下）	
5	能按企业工作制度请操作人员验收，并交付使用			10			
6	能按照6S管理要求清理场地			10			
7	能遵守劳动纪律，以积极的态度接受工作任务			5			
8	能积极参与小组讨论，团队间相互合作			10			
9	能及时完成老师布置的任务			5			
总　　分				100			
小结建议							

学习活动 4 工作总结与评价

学习目标

1. 能按分组情况，分别派代表展示工作成果，说明本次任务的完成情况，并作分析总结。

2. 能结合自身任务完成情况，正确规范撰写工作总结（心得体会）。

3. 能就本次任务中出现的问题，提出改进措施。

4. 能对学习与工作进行反思总结，并能与他人良好合作，进行有效的沟通。

学习过程

1. 展示评价（个人、小组评价）

每个人先在组里进行经验交流与成果展示，再由小组推荐代表作必要的介绍。在交流的过程中，以组为单位进行评价；评价完成后，根据其他组成员对本组设备安装调试的评价意见进行归纳总结。完成如下项目：

（1）交流的结论是否符合生产实际？

符合□　　　　　基本符合□　　　　　不符合□

（2）与其他组相比，本小组设计的安装调试工艺如何？

工艺优化□　　　　工艺合理□　　　　工艺一般□

（3）本小组介绍经验时表达是否清晰？

很好□　　　　　一般，常补充□　　　　不清楚□

（4）本小组演示时，安装调试是否符合操作规程？

正确□　　　　　部分正确□　　　　　不正确□

（5）本小组演示操作时遵循了"6S"的工作要求吗？

符合工作要求□　　忽略了部分要求□　　完全没有遵循□

（6）本小组的成员团队创新精神如何？

良好□　　　　　一般□　　　　　不足□

2. 自评总结（心得体会）

_____

_____

_____

_____

3. 教师评价

（1）找出各组的优点进行点评。

（2）对展示过程中各组的缺点进行点评，提出改进方法。

（3）对整个任务完成中出现的亮点和不足进行点评。

总体评价表

班级：　　　　　　姓名：　　　　　　学号：

项目	自我评价			小组评价			教师评价		
	10~9	8~6	5~1	10~9	8~6	5~1	10~9	8~6	5~1
	占总评10%			占总评30%			占总评60%		
学习活动1									
学习活动2									
学习活动3									
学习活动4									
协作精神									
纪律观念									
表达能力									
工作态度									
安全意识									
任务总体表现									
小计									
总评									

任课教师：　　　　　　年　月　日

5.3　信息采集

5.3.1　顺序阀

　　顺序阀的主要作用是使用两个以上的执行元件按压力高低实现顺序动作，所以称为顺序阀。顺序阀的结构和外形与溢流阀很相似。按结构不同，顺序阀可分为直动式和先导式；按压力控制方式不同，又可分为外控式和内控式。

　　图 5-5a 和图 5-6a 所示分别为直动式内控顺序阀和先导式内控顺序阀的结构原理图。其工作原理与直动式溢流阀和先导式溢流阀相似，都是通过调节进油口的油液压力和弹簧的作用力相平衡，来控制顺序阀进、出油口的通断。当顺序阀进油口的压力低于弹簧的预调压力时，阀口关闭；当顺序阀进油口的压力高于弹簧的预调压力时，进、出油口接通，出油口的液压油使下游的执行元件动作。顺序阀与溢流阀的主要差别在于：顺序阀的输出油液不接回油箱，所以

弹簧侧的泄油口必须单独接回油箱。它们的图形符号分别如图 5-5b 和图 5-6b 所示。

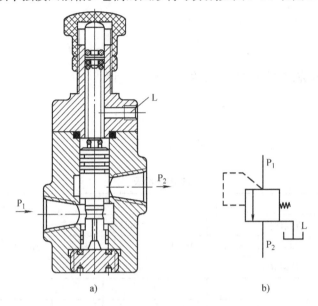

图 5-5　直动式内控顺序阀

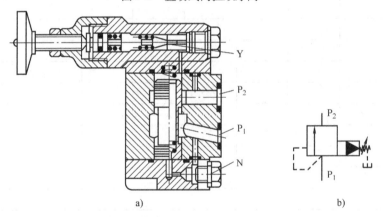

图 5-6　先导式内控顺序阀

　　图 5-7a 所示为单向顺序阀的结构原理图，它由单向阀和顺序阀并联而成。当液压油从 P_1 口进入时，单向阀关闭，进油口的压力超过弹簧调定值时，阀芯移动，油液从 P_2 口流出；当液压油从 P_2 口进入时，油液经单向阀从 P_1 口流出。单向顺序阀的图形符号如图5-7b所示。

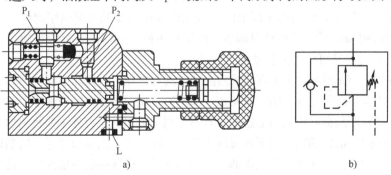

图 5-7　单向顺序阀

图 5-8 所示为直动式外控顺序阀的结构原理图和图形符号。它与上述顺序阀的差别仅仅在于其下部有一控制油口 K，阀芯的启闭利用通入控制油口 K 的外部控制油来控制。直动式外控顺序阀常作为液压泵卸荷用，有时也称卸荷阀。

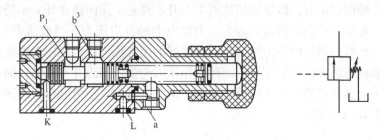

图 5-8　直动式外控顺序阀

5.3.2　顺序阀的应用

（1）顺序动作回路　图 5-9 所示为机床夹具用单向顺序阀先定位、后夹紧的顺序动作回路。当电磁阀断电时，液压油先进入定位缸 A 的下腔，缸 A 上腔回油，活塞上移，实现定位。定位后，缸 A 活塞停止运动，油路压力升高，达到顺序阀调定压力时，顺序阀开启，液压油经顺序阀进入夹紧缸下腔，活塞上移，实现夹紧。顺序阀的调整压力至少应比先动缸的最高压力大 0.5 ~ 0.8MPa，以保证动作顺序可靠。

（2）平衡回路　为了防止立式液压缸及工作部件在停止时因自重而下滑，或在下行时超速，可在活塞下行的回油路上设置顺序阀，使其产生适当的阻力，以平衡运动部件的质量，这种回路称为平衡回路。

图 5-10 所示是用单向顺序阀组成的平衡回路，图 5-10a 所示为直动式顺序阀平衡回路，图 5-10b 所示为液控顺序阀的平衡回路。顺序阀的调定压力应稍大于由工作部件自重在液压缸下腔中所形成的压力。这样工作部件在静止时，顺序阀关闭而不会自行下滑。换向阀在左位工作时，液压油进入上腔。在缸下行时，顺序阀开启使液压缸下腔产生的背压能平衡自重，不会产生超速现象。用单向顺序阀组成的平衡回路由于回油腔有背压，功率损失较大。

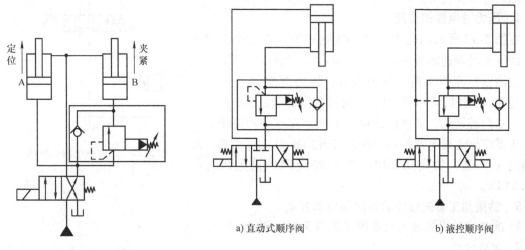

a) 直动式顺序阀　　　　　　　　b) 液控顺序阀

图 5-9　顺序动作回路　　　　　　　图 5-10　平衡回路

5.3.3　压力继电器

压力继电器是一种将系统中液体的压力信号转换成电信号的转换元件。图 5-11a 为压力继电器的结构原理图。它由压力 – 位移转换部件和微动开关两部分组成。当控制油口 K 的压力达到弹簧 3 的调定值时，液压油使柱塞 1 上升，柱塞 1 压向微动开关 4 的触头，接通或断开电气线路，此时，控制口的压力称为压力继电器的开启压力。当液压力小于弹簧力时，微动开关复位，此时控制口的压力称为压力继电器的闭合压力。由于压力继电器开启和闭合时，柱塞所受摩擦力的方向正好相反，因此动作压力与复位压力并不相等，而是存在一个差值，此差值对压力继电器的正常工作是必要的，但不宜过大。压力继电器的图形符号和实物图分别如图 5-11b、c 所示。

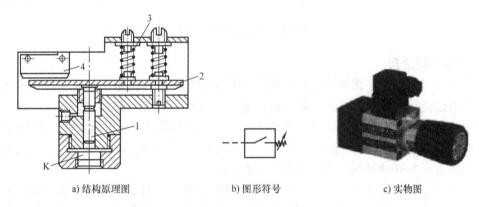

a) 结构原理图　　　　　b) 图形符号　　　　　c) 实物图

图 5-11　压力继电器
1—柱塞　2—杠杆　3—弹簧　4—微动开关

压力继电器的输入信号虽然是液体压力信号，但其输出信号为电信号，因此不仅可以用于液压传动系统，还可以更加广泛地应用在其他所有使用电气控制的地方。此外，压力继电器还可用于设备的安全保护、系统的保压，以及控制液压泵的启停和卸荷等。

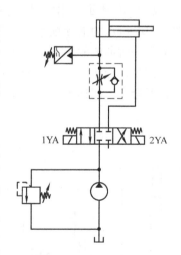

5.3.4　压力继电器的应用

在图 5-12 所示回路中，当 1YA 通电时，电磁阀左位工作，液压油经调速阀进入缸左腔，缸右腔回油，活塞缓慢右移，当活塞至终点时，压力升高，压力继电器发出电信号，使 2YA 通电，1YA 断电，换向阀右位工作。液压油进入右腔，缸左腔回油，活塞快速向左退回。在这种回路中，一般中压系统压力继电器的调定压力（开启压力）应比液压缸的最高工作压力约高 0.5MPa，应比溢流阀的调定压力约低 0.5MPa。

图 5-12　压力继电器的应用

5.3.5　钻削加工多缸顺序动作回路控制方案

1. 液压回路图及控制电路图（见图 5-13 ~ 图 5-15）

2. 回路分析

1）控制方案 1 是采用压力继电器进行控制的顺序动作回路。按下起动按钮，1YA 得

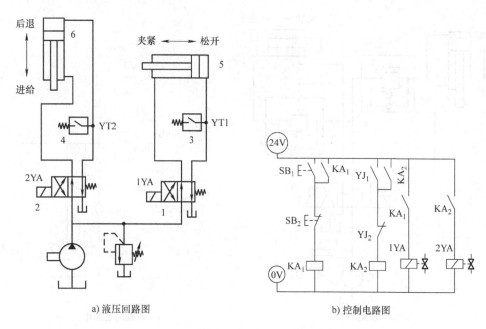

a) 液压回路图　　　　　　　　　b) 控制电路图

图 5-13　钻削加工多缸顺序动作控制方案 1

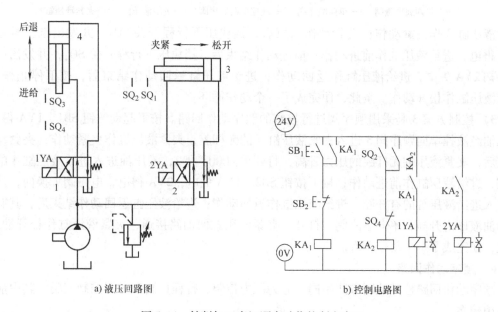

a) 液压回路图　　　　　　　　　b) 控制电路图

图 5-14　钻削加工多缸顺序动作控制方案 2

电,夹紧液压缸 5 作夹紧动作;夹紧动作结束后,夹紧液压缸无杆腔压力升高,压力继电器 3 动作,并发出电信号通知 2YA 得电,进给液压缸作前进动作;前进动作结束后,进给液压缸无杆腔压力升高,压力继电器 4 动作,并发出电信号通知 2YA 失电,进给液压缸作返回动作;返回动作结束后,按下停止按钮,夹紧液压缸作松开动作。至此,便完成了一个动作循环。

2) 控制方案 2 是采用行程开关进行控制的顺序动作回路。按下起动按钮,1YA 得电,

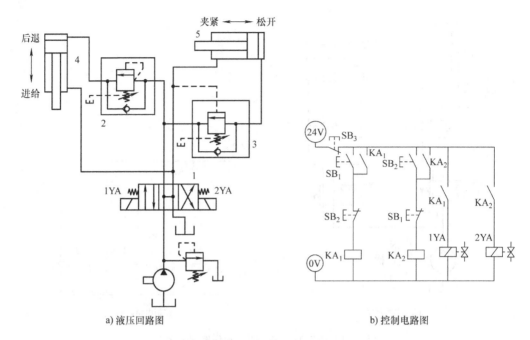

图 5-15　钻削加工多缸顺序动作控制方案 3
1—三位四通电磁阀　2—单向顺序阀　3—液控单向顺序阀　4—进给液压缸　5—夹紧液压缸

夹紧液压缸 3 作夹紧动作；夹紧动作结束后，挡块压下行程开关 SQ_2，并发出电信号通知 2YA 得电，进给液压缸作前进动作；前进动作结束后，挡块压下行程开关 SQ_4，并发出电信号通知 2YA 失电，进给液压缸作返回动作；进给液压缸返回动作结束后，按下停止按钮，夹紧液压缸作松开动作。至此，便完成了一个动作循环。

3）控制方案 3 是采用顺序阀进行控制的顺序动作回路。按下起动按钮 SB1，1YA 得电，液压油经液控单向顺序阀 3 进入夹紧液压缸 5 的无杆腔，夹紧液压缸作夹紧动作；夹紧动作结束后，夹紧液压缸无杆腔的压力升高，打开单向顺序阀 2，液压油进入进给液压缸 4 的无杆腔，进给液压缸作前进动作；按下按钮 SB2，1YA 失电，2YA 得电，电磁阀 1 换向，液压油进入进给液压缸的有杆腔，进给液压缸作返回动作；进给液压缸返回动作结束后，其有杆腔的油液压力升高，单向顺序阀 3 打开，夹紧液压缸回油路接通，夹紧液压缸作松开动作。至此，便完成了一个动作循环。

5.3.6　顺序动作回路

顺序动作回路按其控制方式不同，分为压力控制、行程控制和时间控制三类，其中前两类应用较多。

压力控制利用油路本身的压力变化来控制液压缸的先后动作顺序。它主要利用压力继电器和顺序阀来控制顺序动作。

行程控制是指利用工作部件到达一定位置时发出的信号来控制液压缸的先后动作顺序。它可以利用行程开关、行程阀或顺序缸来实现对顺序动作的控制。

5.3.7　知识拓展

【同步回路】

使两个或两个以上的液压缸在运动中保持相同位移或相同速度的回路称为同步回路。

（1）机械刚性连接的同步回路　将两个（或若干）液压缸（或液压马达）通过机械装置（如杠杆、齿轮、齿条等）将其活塞杆（或输出轴）连接在一起。使它们的运动相互受到牵制，这样，不必在液压系统中采取任何措施即可实现同步运动，如图 5-16 所示。这种同步方式常用于液压折弯机中。

（2）用调速阀控制的同步回路　如图 5-17 所示，在两个并联液压缸的进油路（或回油路）上分别串入一个调速阀，仔细调整两个调速阀的开口大小，可使两个液压缸在一个方向上实现速度同步。显然，这种回路不能严格保证位置同步，而且调整比较麻烦，其同步精度一般为 5% ~ 10%。

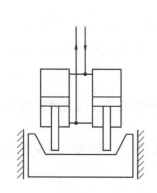

图 5-16　机械刚性连接的同步回路

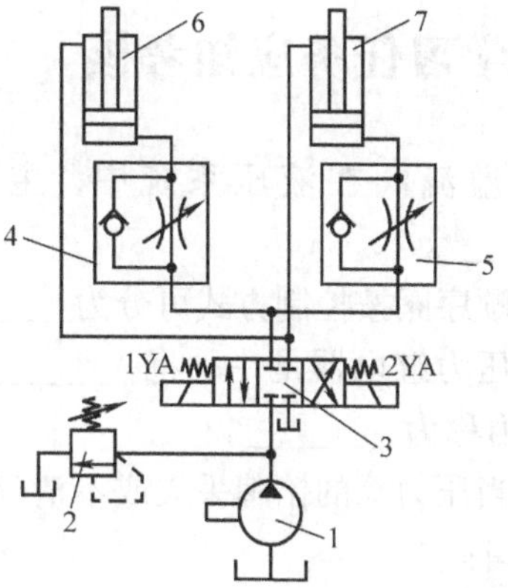

图 5-17　用调速阀控制的同步回路
1—液压泵　2—溢流阀　3—三位四通电磁阀
4、5—单向调速阀　6、7——液压缸

【互不干扰回路】

在一泵多缸的液压系统中。往往会由于其中一个液压缸快速运动时，大量的油液进入该液压缸，造成系统的压力下降，从而影响其他液压缸工作进给的稳定性。因此，在工作进给要求比较稳定的多缸液压系统中，必须采用快、慢速互不干扰回路。

在图 5-18 所示的液压回路中，各液压缸分别要完成快进、工进和快退的自动循环。该回路采用双泵供油系统，泵 1 为高压小流量泵，供给各缸工作进给所需的液压油；泵 2 为低压大流量泵，它为各缸的快进或快退输送低压油，它们的压力分别由溢流阀 3 和 4 调定。这样，两缸可各自完成"快进、工进、快退"的自动工作循环，而互不干扰。表 5-2 所列为互不干扰

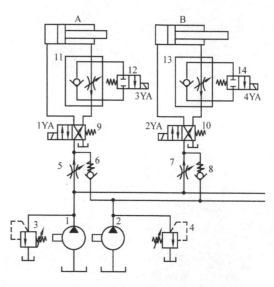

图 5-18　互不干扰回路
1、2—液压泵　3、4—溢流阀　5、7—调速阀
6、8—单向阀　9、10—三位四通电磁换向阀
11、13—单向调速阀　12、14—二位二通电磁阀

回路中电磁铁的动作顺序。

表 5-2　电磁铁动作顺序

电磁铁 动作	1YA	2YA	3YA	4YA
快进	+	+	+	+
工进	+	+	−	−
快退	−	−	−	−

5.4　学习任务应知考核

1. 溢流阀在液压系统中，主要作用是_____、_____、_____、_____和_____。

2. 顺序阀按控制方式可分为_____和_____。

3. 压力继电器是一种将_____转变为_____的转换元件，压力继电器发出电信号时的压力称为_____。

4. 当压力阀的铭牌丢失或不清晰时，在不用拆卸的情况下，如何识别溢流阀、减压阀及顺序阀？

任务 6　电气与液压综合控制回路的安装与调试

6.1　学习任务要求

6.1.1　知识目标

1. 了解液压钻床的控制原理和控制方法。
2. 了解液压钻床的逻辑控制、顺序控制原理。
3. 了解电气、液压综合控制回路的特点和应用。

6.1.2　素质目标

1. 遵守现场操作的职业规范，具备安全、整洁、规范实施工作任务的能力。
2. 具有良好的职业道德、职业责任感和不断学习的精神。
3. 具有不断开拓创新的意识。
4. 以积极的态度对待训练任务，具有团队交流和协作能力。

6.1.3　能力目标

1. 能够根据任务要求正确使用液压仿真软件来设计液压钻床回路。
2. 具备根据任务要求，搭建和调试液压钻床回路的能力。
3. 能分析控制系统回路动作顺序。
4. 按照企业要求验收设备，交付使用，并填写调试记录。
5. 清理场地，归置物品，并按照环保规定处置废油液等废弃物。
6. 可以独立写出完成此项任务的工作小结。

6.2　工作页

6.2.1　工作任务情景描述

Z3050 摇臂钻床（见图 6-1）是一种采用液压钻削头完成主体运动（主轴旋转），再由液压滑台提供进给运动的钻床。钻床的升降由一个双作用液压缸控制。为保证钻孔质量，要求钻孔时钻头下降速度稳定，不受切削量变化产生的进给负载的影响，且进给速度可以调节。动作顺序为：按下起动按钮，夹紧缸前进夹紧；夹紧完成后，升降液压缸带动钻头向下运动；当钻头完成加工工作后，升降液压缸带动钻头返回；进给液压缸动作返回结束后，按下停止按钮，夹紧液压缸返回，完成一个动作循环如图 6-2 所示。

6.2.2　工作流程与活动

工作人员在接到任务后，到现场与操作人员沟通，检察现场，查阅机床相关档案资料，进行任务安排分工；制订工作流程和步骤，设计钻床液压控制回路和电气控制回路；安装调试完成后，请技术人员验收，合格后交付使用，并填写调试记录；最后，撰写工作小结，采用不同形式进行经验交流。在工作过程中严格遵守用电、消防等安全规程要求，按照现场管理规范清理场地、归置物品，并按照环保规定处置废油液等废弃物。

图 6-1　Z3050 摇臂钻床实物图

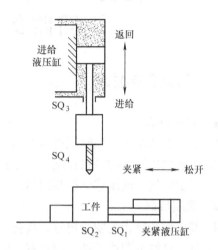

图 6-2　钻削加工液压回路动作示意图

学习活动 1　接受工作任务、制订工作计划
学习活动 2　Z3050 摇臂钻床液压系统控制回路的装调
学习活动 3　任务验收、交付使用
学习活动 4　工作总结与评价

学习活动 1　接受工作任务、制订工作计划

学习目标

1. 能识读生产派工单，接受 Z3050 摇臂钻床液压系统设计工作任务，明确设计意图。
2. 能查阅资料，了解钻床液压系统的组成、结构等相关知识。
3. 查阅相关技术资料，了解钻床液压系统的主要工作内容。
4. 能正确选择液压系统拆装、调试所用的工具、量具等，并按规定领用。
5. 能制订钻床液压系统安装调试工作计划。

学习过程

1. 仔细阅读下面的生产派工单，按照生产派工单提供的基本信息，查阅相关资料，明确工作任务的内容和要求。随着学习活动的展开，逐项填写生产派工单中的空白项目内容，完成学习任务。

生产派工单

单号：　　　　　　　　开单部门：　　　　　　　　　　开单人：

开单时间：　年　月　日　时　分　　　　　　接单人：　部　　小组

（签名）

以下由开单人填写

产品名称		完成工时	工时
产品技术要求			

以下由接单人和确认方填写

领取材料 （含消耗品）		成本核算	金额合计： 仓管员（签名） 　年　月　日	
领用工具				
操作者检测				（签名） 年　月　日
班组检测				（签名） 年　月　日
质检员检测				（签名） 年　月　日
生产数量统计	合格			
	不良			
	返修			
	报废			

统计：　　　　　　　　审核：　　　　　　　　批准：

2. 评价与分析。

学习活动过程评价表

班级		姓名		学号		日期		年　月　日	
评价内容（满分100分）				学生自评	同学互评	教师评价	总评/分		
专业技能（60分）	工作页完成进度（30分）						A（86~100）B（76~85）C（60~75）D（60以下）		
	对理论知识的掌握程度（10分）								
	理论知识的应用能力（10分）								
	改进能力（10分）								
综合素养（40分）	遵守现场操作的职业规范（10分）								
	信息获取的途径（10分）								
	按时完成学习和工作任务（10分）								
	团队合作精神（10分）								
总　分									
综合得分（学生自评10%、同学互评10%、教师评价80%）									
小结建议									

现场测试考核评价表

班级		姓名		学号		日期		年　月　日	
序号	评价要点				配分/分	得分	总评/分		
1	能正确识读并填写生产派工单，明确工作任务				5		A（86~100）B（76~85）C（60~75）D（60以下）		
2	能查阅资料，熟悉Z3050摇臂钻床液压系统的组成和结构				5				
3	能了解液压系统对液压油的性能要求				5				
4	能熟悉液压传动的工作特点				10				
5	能了解液压泵、液压缸的类型和职能符号				10				
6	能了解液压控制元件的工作原理和应用场合				10				
7	能分析液压传动系统的工作过程				10				
8	能根据工作要求，对小组成员进行合理分工				10				
9	能列出液压系统装拆、维修和调试所需的工具、量具清单				10				
10	能制订液压系统泄漏故障维修的工作计划				10				
11	能遵守劳动纪律，以积极的态度接受工作任务				5				
12	能积极参与小组讨论，团队间相互合作				5				
13	能及时完成老师布置的任务				5				
总　分					100				
小结建议									

学习活动 2　　液压钻床液压系统控制回路的安装调试

学习目标

1. 能根据所学知识画出 Z3050 摇臂钻床液压传动系统中控制元件部分的图形符号及用途。
2. 能够根据任务要求，完成钻床压力控制回路的设计和调试。
3. 能在搭建和调试控制回路中针对出现的问题，提出问题产生的原因和排除方法。
4. 能够正确选用电气元器件，并连接电气控制回路。
5. 能参照有关书籍及上网查阅相关资料。

学习过程

1. 我们已经学习了液压传动的基本原理及液压控制回路的类型和应用，查阅 Z3050 摇臂钻床液压传动系统设备使用说明书，进行系统分析，结合所学知识完成以下任务。

根据名称，画出表 6-1 对应的元件符号，并写出其特点和用途。

表　6-1

序号	名称	符号	特点和用途
1	中间继电器		
2	磁性接近开关		
3	行程开关		
4	复位按钮		
5	压力继电器		

2. 我们已经掌握了液压回路的基本原理及典型顺序回路的应用，请根据任务要求，完成 Z3050 摇臂钻床液压系统的回路设计。

根据上述任务要求，设计液压钻床的液压控制回路和电气控制回路。按下起动按钮 SB1，工件夹紧液压缸 A 前进夹紧；夹紧完成后，挡块压下行程开关 SQ2，升降液压缸 B 带动钻头向下快速运动，当钻头接近工件时由快进转换为工进；当钻头完成加工工作后，升降液压缸带动钻头返回；进给液压缸动作返回结束后，夹紧液压缸动作松开，重复以上循环，直到按下停止按钮，才能停止循环动作。

回路设计技术要求：

1）钻头加工过程中不受负载的影响，运行比较平稳。
2）进给速度可以调节。
3）待机状态有卸荷。
4）可以实现 2 级以上调压。
5）停机后钻头保持原位。

【思考】

（1）在这个项目中，液压缸活塞的伸出和返回控制采用什么阀来实现？

_____

_____

_____

_____

（2）为了方便速度的调节，并且速度的控制不受吃刀量大小影响，我们采用哪种节流方式为最优？

_____

_____

_____

_____

根据任务要求，选择搭建液压回路所需要的组件，写下确切的名称。

1）动力元件_____

2）执行元件_____

3）控制元件_____

4）辅助元件_____

3. 绘制液压系统图

（1）画出液压系统传动动作顺序和时序图。

（2）画出液压控制回路设计方案（液压控制回路图以及换向阀的动作顺序表）。

（3）画出电路控制回路的设计方案。

（4）展示您的设计方案，并与老师交流。

4. Z3050 摇臂钻床液压系统的回路安装调试试验

（1）在实验台上搭建液压控制回路，并完成动作及功能测试。

项目一测试　　　液压系统方向控制回路的设计与调试

项目二测试　　　液压系统压力控制回路的设计与调试

项目三测试　　　液压系统流量控制回路的设计与调试

项目四测试　　　液压系统逻辑控制回路的设计与调试

项目五测试　　　电气、液压综合控制回路的设计与调试

（2）记录您在搭建和调试控制回路中出现的问题。请您说明问题产生的原因和排除方法。

问题 1 _____

原因_____

_____

排除方法_____

_____

问题 2 _____

原因_____

_____

排除方法_____

_____

教师签名：

最后请您将自己的解决方案与其他同学的进行比较，讨论出最佳的设计方案。

学习活动过程评价表

班级		姓名		学号		日期		年　月　日
评价内容（满分100分）				学生自评	同学互评	教师评价		总评/分
专业技能 （60分）	工作页完成进度（30分）							A（86～100） B（76～85） C（60～75） D（60以下）
	对理论知识的掌握程度（10分）							
	理论知识的应用能力（10分）							
	改进能力（10分）							
综合素养 （40分）	遵守现场操作的职业规范（10分）							
	信息获取的途径（10分）							
	按时完成学习和工作任务（10分）							
	团队合作精神（10分）							
总　分								
综合得分 （学生自评10%、同学互评10%、教师评价80%）								
小结建议								

现场测试考核评价表

班级		姓名		学号		日期	年　月　日
序号	评价要点			配分/分	得分		总评/分
1	能正确分析 Z3050 摇臂钻床档案，获取有效信息			10			A（86～100） B（76～85） C（60～75） D（60以下）
2	能指出 Z3050 摇臂钻床液压系统组成和结构			10			
3	能掌握液压系统各部位的功用及传动原理			10			
4	能正确画出液压系统传动动作顺序和时序图			10			
5	能掌握液压系统回路安装调试试验			10			
6	能掌握液压系统调试故障分析和排除方法			10			
7	能编制液压系统故障维修工艺流程			10			
8	能完成液压系统泄漏故障的维修			15			
9	能遵守劳动纪律，以积极的态度接受工作任务			5			
10	能积极参与小组讨论，团队间相互合作			5			
11	能及时完成老师布置的任务			5			
总　分				100			
小结建议							

学习活动 3　任务验收、交付使用

学 习 目 标

1. 能完成 Z3050 摇臂钻床液压系统设计装调验收单的填写，明确验收要求。
2. 能完成液压系统的调试，并达到调试要求。
3. 能按照企业工作制度请操作人员验收，交付使用。

学 习 过 程

1. 根据任务要求，熟悉验收单格式，并完成验收单的填写工作。

验收单	
验收项目	Z3050 摇臂钻床液压系统设计装调
验收单位	
时间节点	
验收日期	
验收项目及要求	
验收人	

2. 查阅资料，完成液压元件装配要点及测试性能指标的填写，并进行测试。

类别		装配要点	测试性能指标	测试是否符合要求	备注
泵		1）零件退磁，去除表面毛刺。在规定的锐角处，作 0.2~0.3mm 的修缘，不能倒角 2）清洗及清理零件 3）仔细检查和测量零件 4）装配液压泵 5）检查各种间隙，CB 型齿轮泵径向间隙为 0.13~0.16mm，轴向间隙为 0.03mm	进行油泵性能试验时要注意： 1）压力从零逐渐升高到额定值的过程中，各接合面不得漏油，无异常声响 2）在额定压力下，能达到规定的输油量；压力波动不得超过规定值：CB 型齿轮泵为 ±0.15MPa		
阀	压力阀				
	节流阀				
	方向阀				
液压缸					

3. 液压系统在装配后必须经过调试才能使用，调试的步骤分空载试车和负载试车两种，

查阅相关资料，分别写出空载试车和负载试车的调试要求。

液压系统调试记录单

调试步骤	调试要求
空载试车	
负载试车	

4. 根据上述调试要求，完成注塑机液压系统的调试，并根据实际情况写出调试中应注意的问题。

_____

_____

_____

_____

_____

5. 记录测试和调试中出现的问题，若测试结果超出规定要求，应该如何处理？

_____

_____

_____

_____

_____

_____

6. 验收结束后，按照 6S 管理要求规整场地，并完成下列表格的填写。

序号	名称	自我评价	做得较好的方面	做得不满意的方面	改进措施
1	整理				
2	整顿				
3	清扫				
4	清洁				
5	素养				
6	安全				

学习活动过程评价表

班级		姓名		学号		日期	年　月　日	
评价内容（满分100分）				学生自评	同学互评	教师评价	总评/分	
专业技能 （60分）	工作页完成进度（5分）							A（86~100） B（76~85） C（60~75） D（60以下）
	对理论知识的掌握程度（5分）							
	液压系统方向控制回路的设计与调试（8分）							
	液压系统压力控制回路的设计与调试（8分）							
	液压系统速度控制回路的设计与调试（8分）							
	液压系统逻辑控制回路的设计与调试（8分）							
	电气、液压综合控制回路的设计与调试（10分）							
	电气、液压控制回路优化能力（8分）							
综合素养 （40分）	遵守现场操作的职业规范（10分）							
	信息获取的途径（10分）							
	按时完成学习和工作任务（10分）							
	团队合作精神（10分）							
总　　分								
综合得分（学生自评10%、同学互评10%、教师评价80%）								
小结建议								

学习活动 4　工作总结与评价

学 习 目 标

1. 能按分组情况，分别派代表展示工作成果，说明本次任务的完成情况，并作分析总结。

2. 能结合自身任务完成情况，正确规范撰写工作总结（心得体会）。

3. 能就本次任务中出现的问题，提出改进措施。

4. 能对学习与工作进行反思总结，并能与他人开展良好合作，进行有效的沟通。

学 习 过 程

1. 展示评价（个人、小组评价）

每个人先在小组里进行经验交流与成果展示，再由小组推荐代表作必要的介绍。在交流的过程中，以组为单位进行评价；评价完成后，根据其他组成员对本组设备安装与调试的评价意见进行归纳总结。完成如下项目：

（1）交流的经验是否符合生产实际？

符合□　　　　　　基本符合□　　　　　　不符合□

（2）与其他组相比，本小组设计的维修工艺如何？

工艺优化□　　　　　　工艺合理□　　　　　　工艺一般□

（3）本小组介绍经验时表达是否清晰？

很好□　　　　　　一般，常补充□　　　　　　不清楚□

（4）本小组演示时，维修操作是否正确？

正确□　　　　　　部分正确□　　　　　　不正确□

（5）本小组演示操作时遵循了"6S"的管理要求吗？

符合工作要求□　　　　忽略了部分要求□　　　　完全没有遵循□

（6）本小组的成员团队创新精神如何？

良好□　　　　　　一般□　　　　　　不足□

2. 自评总结（心得体会）

_____

_____

_____

_____

_____

3. 教师评价

（1）找出各组的优点进行点评。

（2）对展示过程中各组的缺点进行点评，提出改进方法。

（3）对整个任务完成中出现的亮点和不足进行点评。

总体评价表

班级：　　　　　姓名：　　　　　学号：

项目	自我评价/分			小组评价/分			教师评价/分		
	10～9	8～6	5～1	10～9	8～6	5～1	10～9	8～6	5～1
	占总评10%			占总评30%			占总评60%		
学习活动1									
学习活动2									
学习活动3									
学习活动4									
协作精神									
纪律观念									
表达能力									
工作态度									
安全意识									
任务总体表现									
小计									
总评									

任课教师：_____　　　年　月　日

6.3 信息采集

6.3.1 电气控制元件

1. 稳压电源（见图 6-3）

（1）基本结构说明

1 为 AC 220V 电压表，2 为 DC 24V 指示灯，3 为 DC 24V 输出接线端口，4 为 AC 220V 插座，5 为总电源开关。

（2）功能简介

1）提供 DC 24V 的直流电源，模块带有短路、过载等保护，并配有指针式电压监控，且端口开放，方便用户使用。

2）电源插孔全部采用带护套保护的插座，有效地提高了安全保障措施。

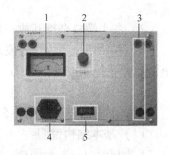

图 6-3 稳压电源

（3）使用说明

1）禁止带电连接导线、带电取放保险管、用手指抠护套内芯，以免触电。

2）使用过程中，防止 DC 24V 直流电源短路，若有短路现象产生，则及时断电，然后重新找出线路错误连接后再继续使用（本直流电源自带短路、过载保护功能，短路、过载自动断路，断电恢复正常）。

3）在使用过程中，若发现外部有误动作、误操作等危险情况发生时，请及时切断电源。

4）该电源模块提供 DC 24V 直流电源，最大负载电流为 4.5A，请注意外部负载必须在负载能力范围以内。

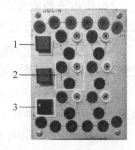

2. 电气信号输入元件

电气信号输入元件主要为按钮控制模块，如图 6-4 所示。

（1）基本结构介绍

1 为按钮，2 为常开、常闭、公共端触点，3 为旋钮。

按钮类型、图示及符号见表 6-2。

图 6-4 按钮控制模块

表 6-2 按钮类型、图示及符号

按钮类型	简化图示	符号
常开（动合）按钮		E-\ SB
常闭（动断）按钮		E-/ SB
复合按钮		SB E-\-/-

（2）使用说明

1）禁止带电连接导线，该模块控制电压为 DC 24V，请勿采用 AC 220V 作为控制电压。

2）使用该模块前，必须仔细检查电气控制线路是否准确无误，确认后再进行电气线路连接。

3）各个端口全部开放，可根据自己实际需求在外部进行连接。

4）在使用过程中，若发现外部控制有误动作、误操作等危险情况发生时，请及时切断电源，停止控制或操作。

3. 中间继电器

中间继电器模块如图 6-5 所示。

（1）基本结构说明

1 为指示灯，2 为线圈，3 为常闭触点，4 为常开触点，5 为公共端。

（2）功能简介 主要作用是辅助 PLC 模块完成实验。电源插孔全部采用带护套保护的插座，保证了实验的安全性能。

（3）使用说明

1）禁止带电连接导线、带电取放保险管、用手指抠护套内芯、触摸继电器触头等，以免触电。

2）使用该模块前，必须仔细检查电气控制线路是否准确无误，确认后再进行电气线路连接。

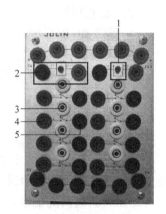

图 6-5 中间继电器模块

3）各个端口均与接触器触头一一对应，端口全部开放，线路控制电压为 DC 24V，请勿将控制电压连接错误烧坏接触器。

4）在使用过程中，若发现外部控制有误动作、误操作等危险情况发生时，请及时切断电源，停止控制或操作。

（4）中间继电器的工作原理 中间继电器的体积和触点容量小，触点数目多，且只能通过小电流。所以，继电器一般用于机床的控制电路中。

4. 传感器

这里讲的传感器主要是接近传感器，其主要用于检测物体的位移，如图 6-6 所示。

1）接近传感器有两线制和三线制之分，三线制接近传感器又分为 NPN 型和 PNP 型，它们的接线是不同的。三线制接近开关的接线：红（棕）线接电源正端，蓝线接电源零端，黄（黑）线为信号端，应接负载。负载的另一端是这样接的：对于 NPN 型接近传感器，应接到电源正端；对于 PNP 型接近传感器，则应接到电源零端。接近传感器的负载可以是信号灯、继电器线圈或可编程控制器 PLC 的数字量输入模块，如图 6-7 所示。

2）两线制接近开关的接线比较简单（见图 6-8），接近传感器与负载串联后接到电源即可。但是两线制接近传感器受工作条件的限制，导通时开关本身产生一定压降，截止时又有一定的剩余电流流过，选用时应予以考虑。三线制接近开关虽多了一根线，但不受剩余电流之类不利因素的困扰，工作更为可靠。

5. 磁性开关

磁性开关是用来检测气缸活塞位置的，即检测活塞的运动行程，其实物图如图 6-9 所

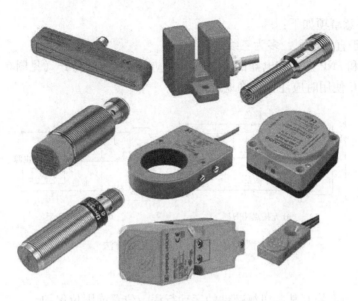

图 6-6   接近传感器实物图

a) NPN型接线方法   b) PNP型接线方法

图 6-7   三线制接近传感器接线方法

示。它可分为有接点型和无接点型两种。

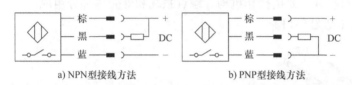

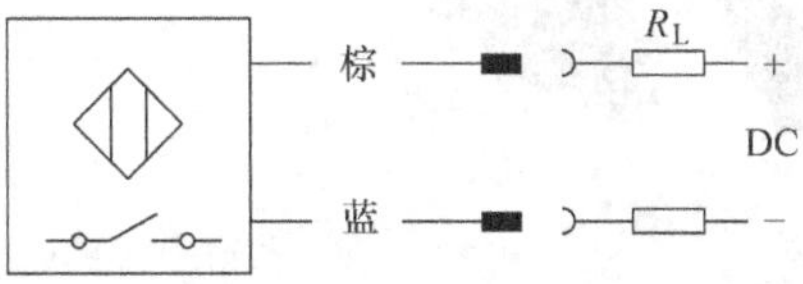

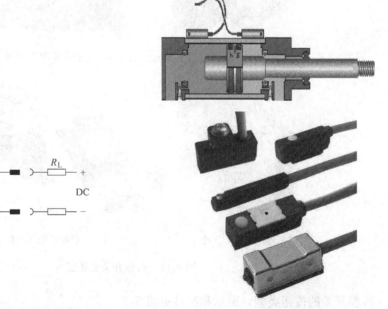

图 6-8   两线制接近传感器接线方法

图 6-9   磁性开关

使用时的注意事项如下：

1）只能用于直流电源，多为三线式。

2）NPN 型和 PNP 型在继电器回路中使用时应注意接线的差异（见图 6-10）。

3）配合 PLC 使用时应注意正确地选型。

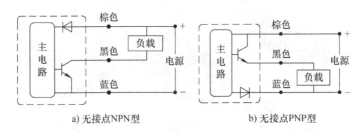

　　　　a) 无接点NPN型　　　　　　　　　　　　b) 无接点PNP型

图 6-10　磁性开关的接线方法

6. 行程开关

（1）作用　用来控制某些机械部件的运动行程、位置或限位保护。

（2）结构　行程开关是由操作机构、触点系统和外壳等部分组成。

（3）实物图（见图 6-11）

行程开关LX2系列-2　　　　　　　　　　行程开关LX5系列-2

行程开关LXK2系列-1　　　　　　　　行程开关LX19系列-2

图 6-11　行程开关实物图

行程开关的按钮类型、图示和符号见表 6-3。

表 6-3　行程开关的按钮类型、图示及符号

按钮类型	简化图示		符号
常开（动合）触头	未撞击	撞击	SQ
常闭（动断）触头			SQ
复合触头			SQ

6.3.2　动作控制图

为了能够解决一个控制任务，必须要绘制一个清晰的、一目了然的动作控制图。这个控制图可以被不同职业的人看懂，并且还可以实施。我们来看一下两种常见的控制图的画法。

例：一个液压控制系统有 3 个液压缸，分别为送料、夹紧缸 1A1，加工气缸 1A2 和推料气缸 1A3，其动作顺序如图 6-12 所示。

图 6-12　动作顺序图

可见缸 1A1 主要是起送料和夹紧作用的，缸 1A2 主要是实现加工，当加工完成后将由缸 1A3 推出卸料，设计时序过程如图 6-13 所示。

6.3.3　电气、液压综合控制回路的应用

设计一个完美的控制回路，首先要分析，分块选择最优设计回路，最后再进行综合调试。本任务以图 6-2 所示的钻削加工为列，来分别从方向回路、锁紧回路、卸荷回路、快慢进换接回路和综合多缸顺序动作控制回路来展开讲解。

1. 钻削加工进退方向回路

（1）控制方案 1　图 6-14 所示是采用手动换向阀控制双作用液压缸的液压回路。扳动手动换向阀的手柄，可以实现液压缸的进、退运动，即实现液压缸的方向运动。

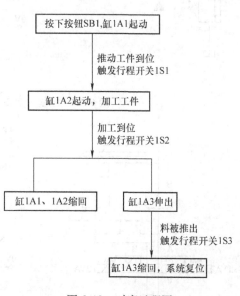

图 6-13　时序过程图

（2）控制方案 2　图 6-15 所示是采用电磁阀控制双作用液压缸的液压回路。当电磁铁 1YA 通电时，液压缸完成前进动作；当电磁铁 2YA 通电时，双作用液压缸作返回动作，从而实现对液压缸方向的控制。

2. 液压缸锁紧回路

锁紧就是防止液压缸在没有发出指令的情况下产生位移，即在液压缸不工作时，使工作部件能在任意位置上停留，以及在停止工作时防止其在外力作用下发生移动。

（1）控制方案 1　图 6-14 所示采用的是 O 型中位机能的三位换向阀，此方法最简单。当阀芯处于中位时，液压缸的进、出油口都被封闭，将活塞锁紧，由于阀芯泄露问题，在中高压回路中锁紧效果不好。

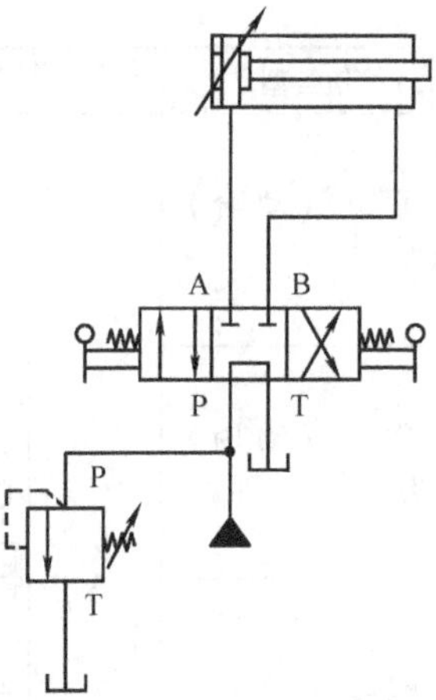

图 6-14　控制方案 1——钻削加工进、退方向回路

（2）控制方案 2　图 6-16 所示为采用的是液控单向锁，即液压锁，此方法最常用。在液压缸的进、回油路中都串接了液压锁，活塞可以在行程的任何位置锁紧。由于液控单向锁有良好的密封性能，即使在外力作用下，也能长期执行锁紧。

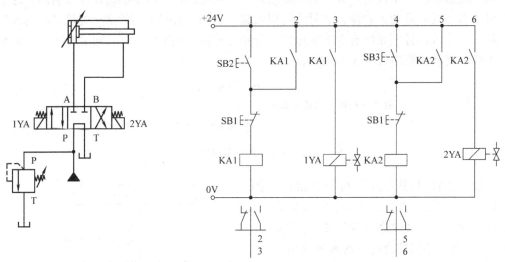

图 6-15　控制方案 2——钻削加工进、退方向回路

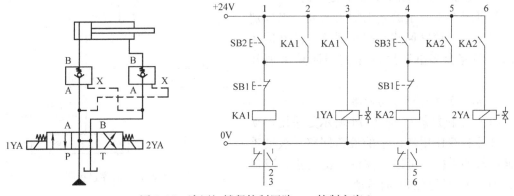

图 6-16　液压缸锁紧控制回路——控制方案 2

3. 钻削加工卸荷回路

（1）控制方案1 图6-17所示为利用二位二通电磁阀实现液压泵卸荷。当二位二通电磁阀通电时，液压泵的出油口直接与油箱相通，液压泵卸荷。

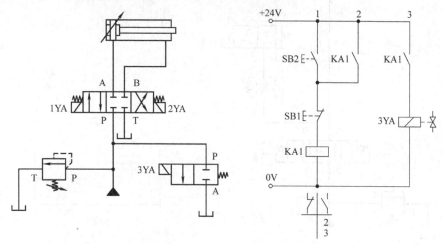

图6-17 控制方案1——卸荷回路

（2）控制方案2 图6-18所示为用先导式溢流阀的远程控制口接通油箱实现液压泵卸荷。当二位二通电磁阀通电时，溢流阀的远程控制口接通油箱，溢流阀主阀全部打开，液压泵输出的油液进溢流阀流回油箱，液压泵卸荷。

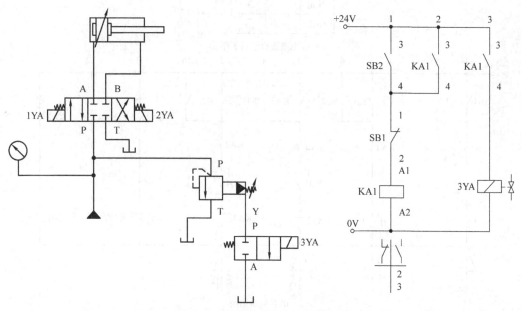

图6-18 控制方案2——卸荷回路

4. 快慢进换接回路

（1）控制方案1 如图6-19所示，当1YA得电，2YA、3YA失电时，换向阀1处于左位，换向阀3处于初始位置，液压泵输出的液压油进入液压缸4的无杆腔，液压缸有杆腔的液压油也流入无杆腔，实现了差动连接，使活塞快速向右运动（也就是差动连接）；当3YA得电时，有杆腔中的液压油进单向节流阀2中的节流阀流回油箱，实现了工作进给（也就是

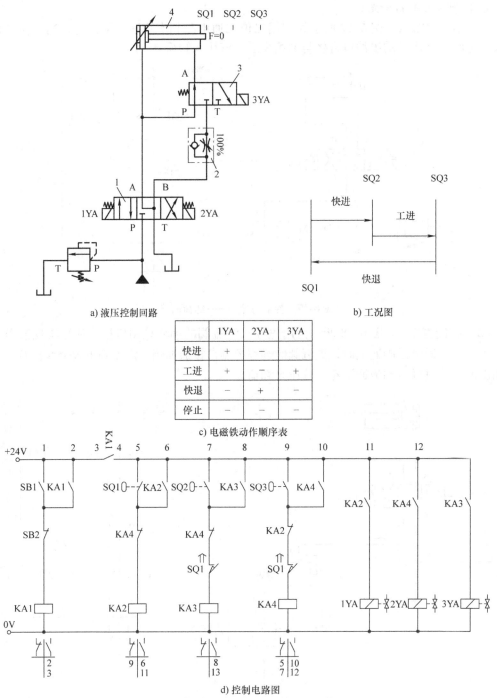

a) 液压控制回路

b) 工况图

	1YA	2YA	3YA
快进	+	−	
工进	+	−	+
快退	−	+	−
停止	−	−	−

c) 电磁铁动作顺序表

d) 控制电路图

图 6-19　钻孔加工快慢进换接回路——控制方案 1

工进）；当 1YA 失电，2YA、3YA 得电时，液压缸快速退回（也就是快退）。

从动作转换看，按下气动按钮 SB1，1YA 得电，液压缸快进；快进结束后，压下行程开关 SQ2，3YA 得电，液压缸进入工进；工进结束后，压下行程开关 SQ3，1YA、3YA 失电，2YA 得电，液压缸转入快退；快退结束后，压下行程开关 SQ1，2YA 失电，一个工作循环结束。

（2）控制方案 2　如图 6-20 所示，与控制方案 1 相比，控制方案 2 仅将二位二通电磁换向阀换成了二位三通行程换向阀，并取代了行程开关 SQ2。当液压缸上的挡块压下行程阀时，便可实现差动快进向工进的转换。

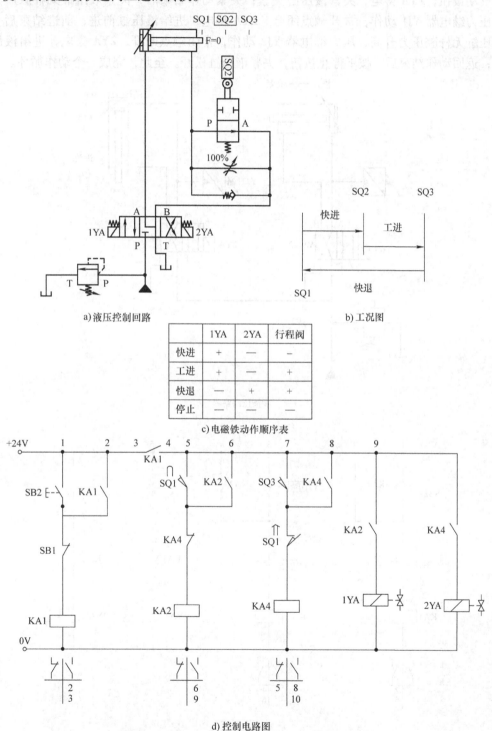

a) 液压控制回路

b) 工况图

	1YA	2YA	行程阀
快进	+	—	—
工进	+	—	+
快退	—	+	+
停止	—	—	—

c) 电磁铁动作顺序表

d) 控制电路图

图 6-20　钻孔加工快慢进换接回路——控制方案 2

5. 钻削加工多缸顺序动作回路

（1）控制方案1　如图6-21所示，该方案是采用压力继电器进行控制的顺序动作回路。按下气动按钮，1YA得电，夹紧液压缸夹紧；夹紧动作结束后，夹紧液压缸无杆腔压力升高，压力继电器YJ1动作，常开触点闭合，2YA得电，进给液压缸前进；前进结束后，进给液压缸无杆腔压力升高，压力继电器YJ2动作，常闭触点断开，2YA失电，进给液压缸返回；返回动作结束后，按下停止按钮，夹紧液压缸松开。至此，完成一个动作循环。

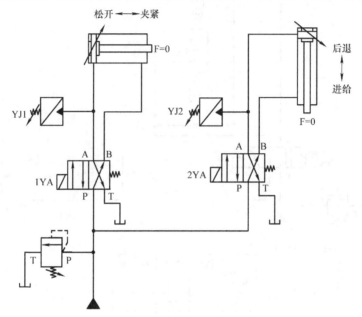

a)液压回路图

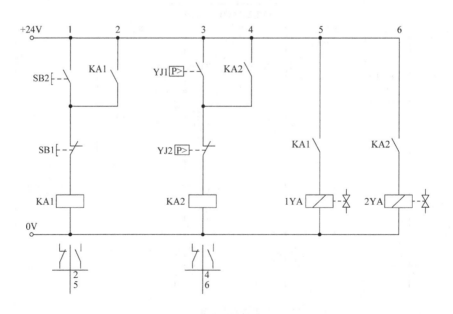

b)控制电路图

图6-21　钻削加工多缸顺序动作——控制方案1

（2）控制方案 2　如图 6-22 所示，该方案采用行程开关进行控制的顺序动作回路。1S1、2S1 处于初始位置，按下起动按钮 SB1，KA5 线圈得电，KA5 常开触点闭合，1YA1 电磁阀得电，夹紧液压缸夹紧；夹紧结束后，夹紧液压缸挡块压下行程开关 1S2，KA2 常开触点闭合，2YA1 得电，进给液压缸前进；前进结束后，进给液压缸挡块压下行程开关 2S2，KA4 常开触点闭合，1YA2 得电，夹紧液压缸松开；夹紧液压缸松开到位，1S1 行程开关常开触点闭合，KA1 线圈得电，KA1 常开触点闭合，2YA2 电磁阀得电，进给液压缸退回；退回结束后，进给液压缸挡块压下行程开关 2S1，进给液压缸返回结束。至此，完成一个动作循环，如此往复下去，直到按下停止按钮 SB2。

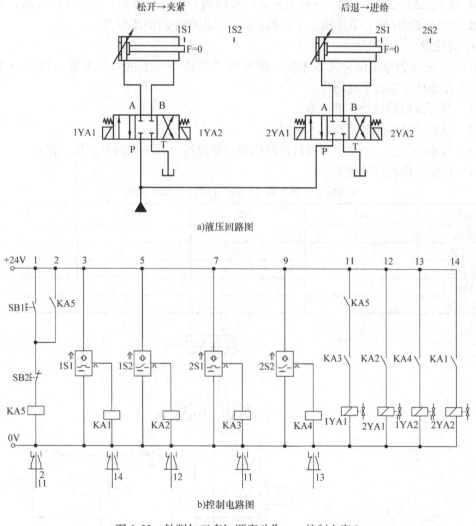

a)液压回路图

b)控制电路图

图 6-22　钻削加工多缸顺序动作——控制方案 2

6.4　学习任务应知考核

1. 液压阀按照用途可分为_____、_____和_____三大类。

2. 单向可调节流阀的作用是_____。

3. _____是方向控制基本回路的核心液压元件。

4. 常见方向阀的操作方式有_____、_____、_____、_____等。

5. 在液压传动中，常用的方向控制回路有_____回路和_____回路。

6. 压力控制回路的核心元件是_____。

7. 调速阀是由_____和_____串联而成的组合阀。

8. 单杆活塞缸其左、右两腔都接通液压油时称为_____连接。

9. 压力继电器是将压力信号转换为_____的转换元件。

10. 绘制二位三通电磁阀、三位五通液动换向阀、双向液压阀、先导式溢流阀、先导式减压阀、先导式顺序阀、节流阀、单向调速阀、单向顺序阀的图形符号。

11. 讨论题

图 6-23 所示为专用钻镗液压系统，能实现"快进→一工进→二工进→快退→原位停止"的工作循环，完成下列题目。

（1）填写其电磁铁动作顺序表。

（2）分析组成系统的液压基本回路。

（3）写出一工进、二工进时的进油路线和回油路线（用不同颜色的笔标记）。

（4）绘出电路控制原理图。

电磁铁动作顺序表（+表示得电，－表示失电）

动作	1Y1	1Y2	1Y3	1Y4
快进				
一工进				
二工进				
快退				
原位停止				

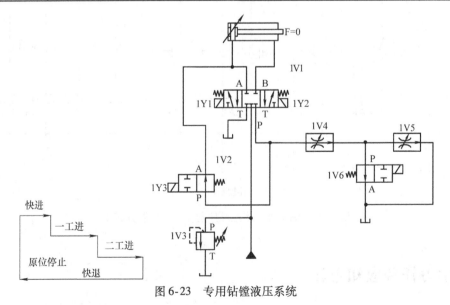

图 6-23　专用钻镗液压系统

任务7   液压系统泄漏故障维修

7.1   学习任务要求

7.1.1   知识目标

1. 了解液压系统泄漏故障维修的主要工作内容。
2. 掌握液压系统泄漏故障维修方面的相关知识。
3. 掌握液压系统泄漏故障的诊断及排除方法。

7.1.2   素质目标

1. 遵守现场操作的职业规范,具备安全、整洁、规范实施工作任务的能力。
2. 具有良好的职业道德、职业责任感和不断学习的精神。
3. 具有不断开拓创新的意识。
4. 以积极的态度对待训练任务,具有团队交流和协作能力。

7.1.3   能力目标

1. 能接受维修任务,明确任务要求,写出小组成员、工作地点、维修对象、维修时间,初步了解泄漏故障现象,服从工作安排。

2. 能通过耐心细致的有效沟通,记录操作人员反馈的信息,通过小组讨论,提取有效信息,充分了解故障现象。

3. 能查阅注塑机维修档案,摘录并分析注塑机设备的维修记录,正确获取设备的工作年限、故障出现频率等有效信息。

4. 能按照工艺文件和维修原则,通过小组讨论写出维修步骤。

5. 能正确选择液压系统的拆装、维修和调试工具、量具、辅助工具,并按规定领用。

6. 能对液压系统零部件进行拆卸清洗,写出需要修复、更换的故障元件,并制定合理的修复方案。

7. 能对机械设备液压系统的故障元件进行装配和调试,排除故障,恢复其工作要求。

8. 能按照企业工作制度请操作人员验收,交付使用,并填写维修记录。

9. 能严格遵守起吊、搬运、用电、消防等安全规程要求。

10. 能清理场地,归置物品,并按照环保规定处置废油液等废弃物。

11. 能写出完成此项任务的工作小结。

7.2　工作页

7.2.1　注塑机外形图（见图7-1）

图7-1　注塑机外形图

7.2.2　工作任务情景描述

　　实习工厂有一台注塑机，在工作过程中，其锁模机构锁模压力为6MPa，达不到系统要求的120MPa，且工作不平稳，无法按要求加工出正常制件。通过排查发现故障原因与液压系统泄漏有一定关系，是因为液压系统泄漏导致了锁模力降低。工厂急需该机器加工一批零件，车间将维修任务交给了工作小组，要求在两周时间内对该注塑机液压系统泄漏故障进行维修，以恢复其功能。并交付使用。

7.2.3　工作流程与活动

　　维修人员在接到维修任务后，到现场与操作人员沟通，勘察故障现象，查阅注塑机维修档案，进行液压系统泄漏故障诊断，明确故障点；故障确认后制订维修步骤，做好维修前的准备工作；在维修过程中，通过对液压元件的修复、更换、调试，完成故障排除；故障排除后请操作人员验收，合格后交付使用，并填写维修记录；最后，撰写工作小结，采用不同形式进行经验交流。在工作过程中严格遵守起吊、搬运、用电、消防等安全规程要求，按照现场管理规范清理场地、归置物品，并按照环保规定处置废油液等废弃物。

　　学习活动1　接受工作任务、制订工作计划

　　学习活动2　液压系统泄漏故障维修

　　学习活动3　任务验收、交付使用

　　学习活动4　工作总结与评价

学习活动1　接受工作任务、制订工作计划

学 习 目 标

1. 能识读生产派工单，接受注塑机液压系统泄漏故障维修工作任务，明确任务要求。
2. 能查阅资料，了解注塑机液压系统的组成、结构等相关知识。
3. 查阅相关技术资料，了解注塑机液压系统泄漏故障维修的主要工作内容。
4. 能正确选择注塑机液压系统拆装、调试所用的工具、量具等，并按规定领用。
5. 能制订注塑机液压系统泄漏故障维修的工作计划。

1. 仔细阅读下面的生产派工单，按照生产派工单提供的基本信息，查阅相关资料，明确工作任务的内容和要求。随着学习活动的展开，逐项填写生产派工单中的空白项目内容，完成学习任务。

生产派工单

单　号：　　　　　　　　开单部门：　　　　　　　　　　　　开单人：

开单时间：　年　月　日　时　分　　　　　　接单人：　部　　小组

（签名）

以下由开单人填写

产品名称		完成工时		工时
产品技术要求				

以下由接单人和确认方填写

领取材料 （含消耗品）		成 本 核 算	金额合计： 仓管员（签名） 　　　　年　月　日
领用工具			
操作者检测			（签名） 年　月　日
班组检测			（签名） 年　月　日
质检员检测			（签名） 年　月　日

生产数量统计	合格	
	不良	
	返修	
	报废	

统计：　　　　　　　审核：　　　　　　　　　批准：

2. 塑料注射成型机简称注塑机，它将颗粒状的塑料加热融化到流动状态，用注射装置快速高压注入模腔，保压一定时间，冷却后成型为塑料制品。它的动作控制基本由液压系统来完成。注塑机锁模机构是指能使模具的动模和定模正常开启与关闭，从而制作出制件的机构，图7-2所示是注塑机锁模机构液压传动系统图，对照图7-2回答下列问题。

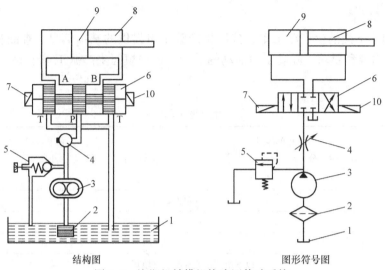

结构图　　　　　　　　　　　　图形符号图

图7-2　注塑机锁模机构液压传动系统

（1）写出各序号代表的元件的名称

1 _____　　　2 _____

3 _____　　　4 _____

5 _____　　　6 _____

7 _____　　　8 _____

9 _____　　　10 _____

（2）查阅相关资料，说明注塑机液压系统是由哪几部分组成的，各组成部分的含义及典型元件是什么？并将上述注塑机锁模机构液压传动系统中的各元器件序号填写在下表对应位置。

序号	组成部分	含义	典型元件	对应序号
1	动力元件			
2	执行元件			
3	控制元件			
4	传动介质		液压油	

（3）液压传动系统的传动介质主要是指液压油，现在市场上常见的液压油种类有哪些？液压系统对液压油有哪些性能方面的要求？

_____

_____

_____

_____

_____

（4）分析注塑机锁模机构液压系统的工作过程。

_____

_____

_____

3. 与机械传动比较，由于液压传动是油管连接，所以借助油管的连接可以方便灵活地布置传动机构，这是液压传动比机械传动优越的地方。液压装置质量轻、结构紧凑、惯性小，可在大范围内实现无级调速。查阅资料，说明液压传动的主要工作特点。

液压传动的主要工作特点：

_____

_____

_____

_____

4. 液压泵是液压传动系统中的动力元件，查阅资料，回答下列问题。

（1）常用的液压泵可分为叶片泵、齿轮泵、柱塞泵等，标出图 7-3 所示各液压泵的名称。

_____　　_____　　_____

图　7-3

（2）液压泵按照输油量的可调性可分为定量泵和变量泵，按输出方向的可变化性分为单向泵和双向泵等。查阅资料，给出液压泵的职能符号，并填写下表。

序号	职能符号	名　称	工作原理
1		单项定量泵	
2		单项变量泵	
3		双项定量泵	
4		双项变量泵	

5. 液压系统的执行元件主要是指液压缸和液压马达。液压缸主要驱动负载做直线运动，而液压马达主要驱动负载做回转运动。查阅相关资料，写出液压缸的常见类型及职能符号，并以一种液压缸为例，说明液压缸的工作原理。

液压缸的工作原理：

_____

_____

_____

_____

_____

写出液压缸的常见类型及职能符号。

序号	职能符号	名　称	工作原理
1			
2			
3			
4			

6. 写出液压控制元件的工作原理和应用场合。

序号	控制元件	工作原理	应用场合
1	溢流阀		
2	减压阀		
3	顺序阀		
4	继电器		
5	节流阀		
6	调速阀		

7. 图7-4是注塑机液压系统原理图，通过对上述内容的学习，识图并读图，根据提示写出注塑机的工作循环过程。

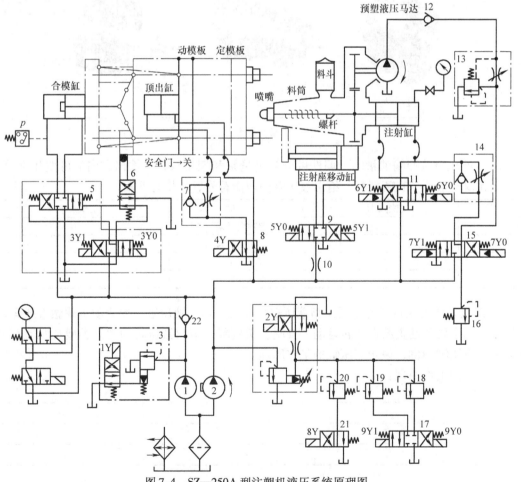

图7-4　SZ—250A型注塑机液压系统原理图

（1）锁合模：

（2）注塑座前移：

（3）注塑：

（4）冷却和保压：

（5）预塑：

（6）注塑座后退：

（7）开模：

（8）顶出：

8. 根据任务要求，对现有小组成员进行合理分工，并填写分工表。

序号	组员姓名	组员任务分工	备注

9. 列出液压系统拆装、维修和调试所需的工具、量具、检具清单。

序号	名称	图示	主要功用	备注
1	直管钳			
2	切管器			
3	活扳手			
4	内六角扳手			

（续）

序号	名称	图示	主要功用	备注
5	螺钉旋具			
6	万用表			
7	剥线钳			
8				
9				
10				

10. 查阅资料，小组讨论并制订液压系统泄漏故障维修任务的工作计划。

序号	工作内容	完成时间	工作要求	备注
1	接受生产派工单		认真识读生产派工单，了解工作任务的具体要求	
2	查询相关资料		查阅液压系统的相关知识，了解液压系统泄漏故障	
3				
4				
5				
6				
7				
8				
9				
10				

学习活动过程评价表

班级		姓名		学号		日期		年 月 日	
评价内容（满分100分）			学生自评	同学互评	教师评价	总评/分			
专业技能（60分）	工作页完成进度（30分）					A（86~100） B（76~85） C（60~75） D（60以下）			
	对理论知识的掌握程度（10分）								
	理论知识的应用能力（10分）								
	改进能力（10分）								
综合素养（40分）	遵守现场操作的职业规范（10分）								
	信息获取的途径（10分）								
	按时完成学习和工作任务（10分）								
	团队合作精神（10分）								
总　分									
综合得分（学生自评10%、同学互评10%、教师评价80%）									
小结建议									

现场测试考核评价表

班级		姓名		学号		日期	年　月　日
序号	评价要点				配分/分	得分	总评/分
1	能正确识读并填写生产派工单，明确工作任务				5		
2	能查阅资料，熟悉液压系统的组成和结构				5		
3	能了解液压系统对液压油的性能要求				5		
4	能熟悉液压传动的工作特点				10		
5	能了解液压泵、液压缸的类型和职能符号				10		
6	能了解液压控制元件的工作原理和应用场合				10		A（86~100）
7	能分析液压传动系统的工作过程				10		B（76~85）
8	能根据工作要求，对小组成员进行合理分工				10		C（60~75）
9	能列出液压系统装拆、维修和调试所需的工具、量具清单				10		D（60 以下）
10	能制订液压系统泄漏故障维修的工作计划				10		
11	能遵守劳动纪律，以积极的态度接受工作任务				5		
12	能积极参与小组讨论，团队间相互合作				5		
13	能及时完成老师布置的任务				5		
总分					100		
小结建议							

学习活动 2　　液压系统泄漏故障维修

 学 习 目 标

1. 能查阅设备维修档案，分析维修记录，获取有效信息。
2. 能掌握液压系统故障维修方面的相关知识。
3. 能对液压系统泄漏进行诊断，通过小组讨论写出维修步骤。
4. 能对液压系统元件进行拆卸、清洗，写出需要修复、更换的故障元件，并制订合理的修复方案。
5. 能对机械设备液压系统的故障元器件进行维修，排除故障，恢复其工作要求。

学 习 过 程

1. 我们已经学习了液压传动的基本原理，查阅注塑机设备维修档案，摘录设备维修记录，进行分析，请您结合所学知识完成以下任务。
2. 查阅注塑机资料，写出注塑机液压系统常见故障原因。

序号	故障现象	故障原因	备注
1	振动和噪声		
2	泄漏		

3. 液压系统的泄漏可分为内泄漏和外泄漏，查阅相关资料，回答下列问题。

（1）什么叫内泄漏，什么叫外泄漏？

内泄漏：_____

外泄漏：_____

（2）指出图示液压缸发生系统泄漏的部位，并分析泄漏将会对系统产生什么影响？

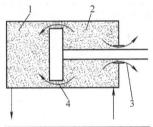

泄漏将会对系统产生什么影响：_____

_____

（3）写出液压系统常发生泄漏的部位及对液压系统造成的影响

液压泵泄漏造成的影响：_____

进油口管路泄漏造成的影响：_____

控制阀泄漏造成的影响：_____

4. 液压系统出现故障时不易找出原因，排查困难。简易故障诊断法是目前采用最普遍的液压系统故障诊断方法，是指维修人员依靠个人经验，利用简单仪表根据液压系统出现的故障，客观地采用问、看、听、摸、闻等方法了解系统工作情况，进行分析、诊断，确定产生故障的原因和部位。查阅资料，写出具体的做法。

_____

_____

_____

5. 查阅资料，对液压系统动力元件的故障现象进行分析，给出故障排除方法。

序号	故障现象	故障原因	排除方法
1	泵不输油		
2	泵噪声大		
3	泵出油量不足		

（续）

序号	故障现象	故障原因	排除方法
4	压力不足或压力升不高		
5	压力不稳定，流量不稳定		
6	泵异常发热		
7	泵轴油封漏油		

6. 查阅资料，对液压系统执行元件的故障现象进行分析，给出故障排除方法。

序号	故障现象	故障原因	排除方法
1	活塞杆不能动作		
2	速度达不到规定值		
3	液压缸产生爬行		
4	缓冲装置故障		
5	有外泄漏		

7. 查阅资料，对液压系统控制元件的故障现象进行分析，给出故障排除方法。

序号	故障现象	故障原因	排除方法
	溢流阀故障		
1	压力调不上		
2	压力调不高		
3	压力突然升高		
4	压力突然下降		
5	压力波动（不稳定）		
6	振动和噪声大		
	减压阀故障		
1	无二次压力		
2	不起减压作用		
3	二次压力不稳定		
4	二次压力升不高		
	单向阀故障		
1	反方向不密封、有泄漏		
2	反方向打不开		

（续）

序号	故障现象	故障原因	排除方法
	顺序阀故障		
1	始终出油，不起顺序阀的作用		
2	始终不出油，不起顺序阀的作用		
3	调定压力值不符合要求		
4	振动和噪声大		
5	单向顺序阀反向不能回油		
	换向阀故障		
1	主阀芯不运动		
2	阀芯换向后通过的流量不足		
3	压力下降过大		
4	液控换向阀阀芯换向速度不易调节		
5	换向阀电磁铁过热、线圈烧坏		
6	电磁铁吸力不足		
7	冲击和振动		

8. 清洗是减少液压系统故障的重要措施，颗粒状杂质浸入系统后，会引起液压元件磨损，出现动作不灵或卡死现象，严重时还会造成故障。所以，液压系统安装前必须进行清洗。要求较高的系统还要进行二次清洗，查阅资料并结合实践，写出二次清洗的要求及注意事项。

_____

_____

_____

_____

9. 图 7-5 所示为液压缸的内部结构，若活塞与缸孔的磨损间隙过大，会造成泄漏。结合实际，写出修复缸体内孔表面磨损及活塞环槽磨损的方法。

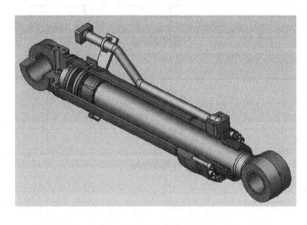

图 7-5 液压缸内部结构

_____

_____

_____

_____

10. 在工作中若发现齿轮泵油压降低或油量减少时，应立即进行检查和修复，其中内泄漏是主要原因之一。图 7-6 所示为拆下的齿轮轴及侧板，齿轮泵的侧板有时会由于装配错误，铁屑、油液污染，表面划伤或烧伤等原因失效。结合实践，写出侧板的修复方法。

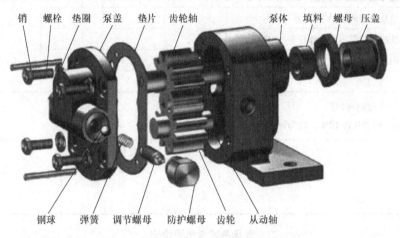

销　螺栓　垫圈　泵盖　垫片　齿轮轴　　泵体　填料　螺母　压盖

钢球　弹簧　调节螺母　防护螺母　齿轮　从动轴

图 7-6 从齿轮泵上拆下的齿轮轴及侧板

修复方法：_____

_____

_____

_____

_____

11. 确定液压系统泄漏故障维修步骤，拍摄维修示例图片，并记录操作要点和注意事项。

步骤	维修内容	维修示例图片	操作要点	注意事项	工量刃具清单
1	熟悉注塑机液压系统的结构组成				
2	准备液压系统拆装工具				

学习活动过程评价表

班级		姓名		学号		日期		年　月　日	

评价内容（满分100分）		学生自评	同学互评	教师评价	总评/分
专业技能 （60分）	工作页完成进度（30分）				A（86~100） B（76~85） C（60~75） D（60以下）
	对理论知识的掌握程度（10分）				
	理论知识的应用能力（10分）				
	改进能力（10分）				
综合素养 （40分）	遵守现场操作的职业规范（10分）				
	信息获取的途径（10分）				
	按时完成学习和工作任务（10分）				
	团队合作精神（10分）				
总　　分					
综合得分 （学生自评10%、同学互评10%、教师评价80%）					
小结建议					

现场测试考核评价表

班级		姓名		学号		日期	年　月　日	

序号	评价要点	配分/分	得分	总评/分
1	能正确分析机床故障维修档案，获取有效信息	10		A（86~100） B（76~85） C（60~75） D（60以下）
2	能指出液压系统泄漏故障类型、现象及产生原因	10		
3	能掌握液压系统泄漏的部位及影响	10		
4	能进行故障诊断，画出诊断流程图	10		
5	能熟悉液压系统故障排除的方法	10		
6	能对液压系统动力元件、执行元件、控制元件等故障进行分析和排除	10		
7	能编制液压系统故障维修工艺流程	10		
8	能完成液压系统泄漏故障的维修	15		
9	能遵守劳动纪律，以积极的态度接受工作任务	5		
10	能积极参与小组讨论，团队间相互合作	5		
11	能及时完成老师布置的任务	5		
总　　分		100		
小结建议				

学习活动 3　任务验收、交付使用

学习目标

1. 能完成维修验收单的填写，明确验收要求。
2. 能完成液压系统的调试，并达到调试要求。
3. 能按照企业工作制度请操作人员验收，交付使用。

学习过程

1. 根据任务要求，熟悉维修验收单格式，并完成验收单的填写工作。

<table>
<tr><td colspan="2" align="center">维修验收单</td></tr>
<tr><td>维修项目</td><td>注塑机液压系统泄漏故障维修</td></tr>
<tr><td>维修单位</td><td></td></tr>
<tr><td>维修时间节点</td><td></td></tr>
<tr><td>验收日期</td><td></td></tr>
<tr><td>验收项目及要求</td><td></td></tr>
<tr><td>验收人</td><td></td></tr>
</table>

2. 查阅资料，完成液压元件装配要点及测试性能指标的填写，并进行测试。

<table>
<tr><td>类别</td><td colspan="2">装配要点</td><td>测试性能指标</td><td>测试是否
符合要求</td><td>备注</td></tr>
<tr><td>泵</td><td colspan="2">1）零件退磁，去除表面毛刺。在规定的锐角处，作 0.2 ~ 0.3mm 的修缘，不能倒角
2）清洗及清理零件
3）仔细检查和测量零件
4）装配液压泵
5）检查各种间隙，CB 型齿轮泵径向间隙为 0.13 ~ 0.16mm，轴向间隙为 0.03mm</td><td>进行液压泵性能试验时要注意：
1）压力从零逐渐升高到额定值，各接合面不得漏油，无异常声响
2）在额定压力下，能达到规定的输油量；压力波动不得超过规定值：CB 型齿轮泵为 ±0.15MPa</td><td></td><td></td></tr>
<tr><td rowspan="3">阀</td><td>压力阀</td><td></td><td></td><td></td><td></td></tr>
<tr><td>节流阀</td><td></td><td></td><td></td><td></td></tr>
<tr><td>方向阀</td><td></td><td></td><td></td><td></td></tr>
<tr><td>液压缸</td><td></td><td></td><td></td><td></td><td></td></tr>
</table>

3. 液压系统在维修装配后必须经过调试才能使用，调试的步骤分为空载试车和负载试车两种，查阅相关资料，分别写出空载试车和负载试车的调试要求。

液压系统调试记录单

调试步骤	调试要求
空载试车	
负载试车	

4. 根据上述调试要求，完成注塑机液压系统的调试，并根据实际情况写出调试中应注意的问题。

_____

_____

_____

_____

5. 记录测试和调试中出现的问题，若测试结果超出规定要求，应该如何处理？

_____

_____

_____

_____

6. 验收结束后，按照 6S 管理要求规整场地，并完成下列表格的填写。

序号	名称	自我评价	做得较好的方面	做得不满意的方面	改进措施
1	整理				
2	整顿				
3	清扫				
4	清洁				
5	素养				
6	安全				

学习活动过程评价表

班级			姓名		学号		日期		年　月　日	
评价内容（满分100分）				学生自评	同学互评		教师评价		总评/分	
专业技能 （60分）	工作页完成进度（30分）									
	对理论知识的掌握程度（10分）								A（86～100） B（76～85） C（60～75） D（60以下）	
	理论知识的应用能力（10分）									
	改进能力（10分）									
综合素养 （40分）	遵守现场操作的职业规范（10分）									
	信息获取的途径（10分）									
	按时完成学习和工作任务（10分）									
	团队合作精神（10分）									
总　　分										
综合得分 （学生自评10%、同学互评10%、教师评价80%）										
小结建议										

现场测试考核评价表

班级		姓名		学号		日期		年　月　日	
序号	评价要点				配分/分	得分		总评/分	
1	能正确填写维修验收单				10				
2	能说出验收项目的要求				15				
3	能对装配的液压元件进行性能测试				15				
4	能对液压系统进行调试				15				
5	能按企业工作制度请操作人员验收，并交付使用				10			A（86～100） B（76～85） C（60～75） D（60以下）	
6	能按照6S管理要求清理场地				10				
7	能对维修后出现的问题进行处理				10				
8	能遵守劳动纪律，以积极的态度接受工作任务				5				
9	能积极参与小组讨论，团队间相互合作				5				
10	能及时完成老师布置的任务				5				
总　　分					100				
小结建议									

学习活动 4　　工作总结与评价

学 习 目 标

1. 能按分组情况，分别派代表展示工作成果，说明本次任务的完成情况，并作分析总结。

2. 能结合自身任务完成情况，正确规范撰写工作总结（心得体会）。

3. 能就本次任务中出现的问题，提出改进措施。

4. 能对学习与工作进行反思总结，并能与他人开展良好合作，进行有效的沟通。

学 习 目 标

1. 展示评价（个人、小组评价）

每个人先在组里进行经验交流与成果展示，再由小组推荐代表作必要的介绍。在交流的过程中，以组为单位进行评价；评价完成后，根据其他组成员对本组故障维修的评价意见进行归纳总结。完成如下项目：

（1）交流的经验是否符合生产实际？

符合□　　　　　　基本符合□　　　　　　不符合□

（2）与其他组相比，本小组设计的维修工艺如何？

工艺优化□　　　　工艺合理□　　　　　工艺一般□

（3）本小组介绍经验时表达是否清晰？

很好□　　　　　　一般，常补充□　　　　不清楚□

（4）本小组演示时，维修操作是否正确？

正确□　　　　　　部分正确□　　　　　不正确□

（5）本小组演示操作时遵循了"6S"的管理要求吗？

符合工作要求□　　忽略了部分要求□　　　完全没有遵循□

（6）本小组的成员团队创新精神如何？

良好□　　　　　　一般□　　　　　　　不足□

2. 自评总结（心得体会）

_____

_____

_____

_____

_____

3. 教师评价

1. 找出各组的优点进行点评。

2. 对展示过程中各组的缺点进行点评，提出改进方法。

3. 对整个任务完成中出现的亮点和不足进行点评。

总体评价表

项目	自我评价/分			小组评价/分			教师评价/分		
	10~9	8~6	5~1	10~9	8~6	5~1	10~9	8~6	5~1
	占总评10%			占总评30%			占总评60%		
学习活动1									
学习活动2									
学习活动3									
学习活动4									
协作精神									
纪律观念									
表达能力									
工作态度									
安全意识									
任务总体表现									
小计									
总评									

任课教师：　　　年　月　日

7.3 信息采集

7.3.1 塑料注射成型机液压系统分析

1. 概述

塑料注射成型机是一种将颗粒状塑料经加热熔化呈流动状态后，以高压快速注入模腔，并保压和冷却而凝固成型，成为塑料制品的加工设备，又称为注塑机。

（1）注塑机的组成及工作程序
图7-7为注塑机的组成示意图，它主要由合模部件、注塑部件和床身组成。合模部件又由开合模机构、定模板、动模板和制品顶出装置等组成。注塑部件位于注塑机的右上方，由加料装置（料筒、螺杆、喷嘴）、预塑装置、注塑液压缸和注塑座移动缸等组成。注塑工作程序如图7-8所示。

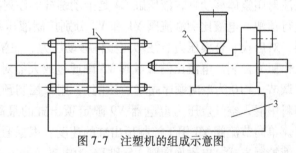

图7-7 注塑机的组成示意图
1—合模部件　2—注射部件　3—床身

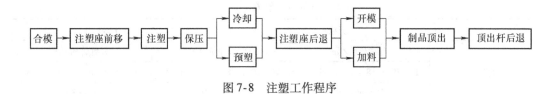

图 7-8 注塑工作程序

（2）注塑机工况对液压系统的要求

1）具有足够的合模力。在注射过程中，常以 40 ~ 150MPa 的高压注入模腔。为防止塑料制品产生溢边或脱模困难等现象发生，要求具有足够的合模力。为了减小合模缸的尺寸或降低压力，常采用连杆扩力机构来实现合模和锁模。

2）开模、合模速度可调。由于既要考虑缩短空程时间以提高生产率，又要考虑合模过程中的缓冲要求以保证制品质量并避免产生冲击，所以在启模、合模过程中，要求移模缸具有慢、快、慢的速度变化。

3）注塑座可整体前进与后退。注塑座整体移动由液压缸驱动，除保证在注塑时具有足够的推力，使喷嘴与模具浇口紧密接触外，还应按固定加料、前加料和后加料三种不同的预塑形式调节移动速度。为了缩短空程时间，注塑座移动也应具有慢、快的速度变化。

4）注塑的压力和速度可调节。根据原料、制品的几何形状和模具浇口的布局不同，在注塑成型过程中要求注塑的压力和速度可调节。

5）可保压冷却。熔体注入型腔后，要保压和冷却。当冷却凝固时，因为存在收缩，在型腔内要补充熔体，否则会因充料不足而出现残品。要求液压系统保压，并根据制品要求调节保压的压力。

6）顶出制品时速度平稳。制品在冷却成型后被顶出。当脱模顶出时，为了防止制品受损，运动要平稳，并要求能按不同制品形状，对顶出的速度进行调节。

2. 塑料注塑成型机液压系统的工作原理

图 7-9 所示为 XS—ZY—250A 型注塑机的液压系统。该液压系统由三台液压泵供油，液压泵 B1 为离压小液量泵；液压泵 B2 和 B3 为双联泵。是低压大流量泵。利用电液比例溢流阀的断电，可以使泵处于卸荷状态，从而可以构成三级流量调节。

液压缸 C1 为移模缸，带动三连杆机构及动模板运动。液压缸 C2 是顶出缸，液压缸 C3 是注射座整体移动缸，液压缸 C4 是推动螺杆的注射缸。电动机 M 通过齿轮减速箱驱动螺杆进行预塑。电液比例溢流阀 V1 和 V2 分别控制液压泵 B2、B3 和 B1 的工作压力，通过放大器，对启模、合模压力、注塑座整体移动压力、注塑压力、保压压力、顶出压力等实现多种工作压力控制。电液比例流量阀 V3 则通过放大器对启模、合模速度和注塑速度实现无级速度调节。V10 为单向顺序阀（背压阀），用来控制预塑时塑料熔融和混合的程度，防止熔融塑料中混入空气。压力继电器 V9 限定顶出缸的最高工作压力，并作为顶出结束的发讯装置。单向节流阀 V8 用于控制顶出缸的速度。根据通过的流量大小，电液换向阀 V4 和 V7 为电液控制方式，电磁换向阀 V5 和 V6 为电磁控制方式。工作顺序如下：

（1）合模

1）合模。液压泵 B1、B2、B3 工作，系统压力由比例溢流阀 V1 或 V2 控制，液压缸 C1 活塞杆通过连杆机构驱动动模板右移，此时液压缸 C2 活塞杆退回在原位。

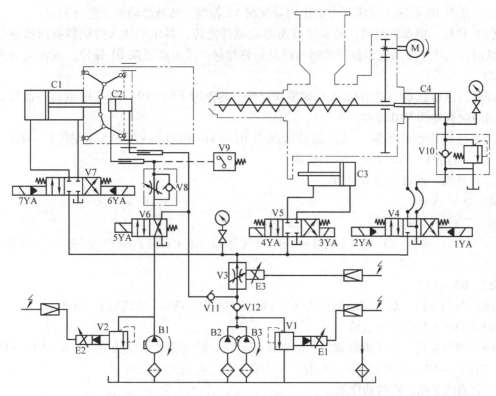

图 7-9　XS—ZY—250A 型注塑机的液压系统

B1，B2，B3—液压泵　C1，C2，C3，C4—液压缸　V1，V2—电液比例溢流阀　V3—电液比例流量阀
V4，V7—电液换向阀　V5，V6—电磁换向阀　V8—单向节流阀　V9—压力继电器
V10—单向顺序阀　V11，V12—单向阀

油液流动情况为

B1→V6→V11

V3→V7（左位）→C1（左腔）；C1（右腔）→V7（左位）→油箱。

B2、B3→V12

2）低压保护。高压泵 B1 卸荷，其输出油液经比例溢流阀 V2 返回油箱；低压泵 B2、B3 供油，低压由比例溢流阀 V1 控制，油液流动情况同上文讲述的一样。

3）锁紧。低压泵 B2、B3 卸荷，其输出油液经比例溢流阀 V1 返回油箱；高压泵 B1 供油，高压由比例溢流阀 V2 控制，油液流动情况同上文讲述的一样。

（2）注塑座整体前进　高压泵 B1 供油，注塑座移动缸 C3 的活塞杆带动注塑座左移，并使喷嘴靠在定模板上，系统压力由比例溢流阀 V2 控制。油液流动情况为 B1→V6→V11→V3→V5（右位）→C3（右腔）；C3（左腔）→V5（右位）→油箱。

（3）注塑　液压泵 B1、B2、B3 供油，油液流动情况为 B1、B2、B3→V3→V4（右位）→V10→C4（右腔）；C4（左腔）→V4（右位）→油箱。

（4）保压　高压泵 B1 供油，低压泵 B2、B3 卸荷，其输出油液经比例溢流阀 V1 返回油箱；高压泵 B1 供油，保压压力由比例溢流阀 V2 控制，油液流动情况同（3）。

（5）预塑　电动机起动，经齿轮减速驱动螺杆旋转，料斗中加入的塑料被前推进行预塑，此时注塑座不得后退以保持喷嘴与模具始终接触，故由高压泵 B1 保压，油液流动情况同（2）。

同时，注塑缸 C4 右腔的油液在螺旋杆反推力的作用下经 V10→V4（中位）→油箱，其背压由单向顺序阀 V10 控制。

（6）注塑座整体后退　油液流动情况为 B1→V6→V11→V3→V5（左位）→C3（左腔）；C3（右腔）→V5（左位）→油箱。

（7）开模　油液流动情况为

B1→V6→V11

V3→V7（左位）→C1（左腔）；C1（右腔）→V7（左位）→油箱。

B2、B3→V12

（8）制品顶出　油液流动情况为 B1→V6（左位）→V8（节流阀）→C2（左腔）；C2（右腔）→V6（左位）→油箱。

（9）螺杆后退　用于拆卸螺杆和清除螺杆包料。油液流动情况为 B1→V6→V11→V3→V4（左位）→C4（左腔）；C4（右腔）→V10→V4（左位）→油箱。

下表列出了电磁铁的动作顺序。

电磁铁的动作顺序表

动作 \ 电磁铁		1YA	2YA	3YA	4YA	5YA	6YA	7YA	E1	E2	E3
合模	合模	-	-	-	-	-	-	+	+	+	+
	低压保护	-	-	-	-	-	-	+	+	-	+
	锁紧	-	-	-	-	-	-	+	-	+	+
注塑座整体前进		-	-	+	-	-	-	-	-	+	+
注塑		+	-	-	-	-	-	-	+	+	+
保压		+	-	-	-	-	-	-	-	+	+
预塑		-	-	+	-	-	-	-	-	+	+
注射座整体后退		-	-	-	+	-	-	-	-	+	+
开模		-	-	-	-	-	+	+	+	+	+
制品顶出		-	-	-	-	+	-	-	-	+	-
螺杆后退		-	+	-	-	-	-	-	-	+	+

3. 液压系统的主要特点

1）压力和速度的变化较多，利用比例阀进行控制，系统简单。

2）系统采用了液压－机械组合式三连杆锁模机构，实现了增力和自锁。这样，合模液压缸直径较小，易于实现高速，但锁模机构较复杂，制造精度较高，调整模板距离较麻烦。

3）各工作机构的自动工作循环的控制主要靠行程开关来实现。

4）在系统保压阶段，多余的油液要经过溢流阀流回油箱，所以有部分能量损耗。

7.3.2　液压传动系统常见故障及其排除

1. 液压系统的工作压力失常、压力上不去故障

压力是液压系统的两个基本参数之一，在很大程度上决定了液压系统工作性能的优劣。工作压力的大小取决于外负载的大小。工作压力失常表现在：当对液压系统进行调整时，出现调压阀失效，系统压力建立不起来（压力不够）或者完全无压力，压力调不下来或者上升后又掉下来以及压力不够稳定。

（1）压力失常的影响

1）液压系统不能实现正确的工作循环，特别是在压力控制的顺序动作回路中。

2）执行部件处于原始位置不动作，液压设备不能工作。

3）伴随出现噪声、执行运动部件速度显著降低等故障，甚至产生爬行。

（2）压力失常产生的原因

1）液压泵原因造成的无流量输出或输出流量不够。

① 液压泵转向不对，根本无液压油输出，系统压力一点也没有。

② 因电动机转速过低，功率不足，或者液压泵使用日久内部磨损，内泄露大，容积效率低，导致液压泵输出流量不够，系统压力低。

③ 液压泵进出口装反，而液压泵又是不可反转泵，不但不能上油，而且还会冲坏油封。

④ 其他原因：如液压泵吸油管太细，吸油管密封不好，漏气，油液黏度太高，过滤器被杂质污染堵塞，造成液压泵吸油阻力大产生吸空现象，使液压泵的输出流量不够，系统压力上不去。

2）溢流阀等压力调节阀故障。溢流阀故障有两个方面：一是阀芯卡死在大开口位置，液压泵输出的液压油短路流回油箱致使压力上不去；二是阀芯卡死在关闭阀口的位置，系统压力降不下来。造成压力阀芯卡死的原因有阻尼孔堵塞、调压弹簧折断等。

3）在工作过程中发现压力上不去或压力下不来，则很可能是换向阀失灵，导致系统卸荷或封闭，或由于阀芯与阀体之间严重磨损所致。

4）卸荷阀卡死在卸荷位置，系统总是卸荷，压力上不去。

5）系统存在内外泄露，如泵泄露、执行元件泄露、控制元件泄露、元件外泄露等。

（3）压力失常排除方法　先检查液压泵电动机转向是否正确，电动机功率是否匹配，然后开机，看溢流阀溢流出口是否有油液流出，再调节溢流阀的压力，判断溢流阀是否有问题，在没有问题的情况下，检查是否有外部泄露，如果上述都没有问题，液压缸泄漏的可能性很大，如果液压缸是新的或者刚修过，可能是密封部位太紧，如果这些没有问题，就是换向阀泄漏，对于新安装系统，压力上不去，多是由于溢流阀的原因。

2. 欠速故障

（1）欠速的现象　液压设备执行元件（液压缸或液压马达）的欠速包括两种情况：

1）快速运动（快进）时速度不够快，不能达到设计值和新设备的规定值。

2）在负载下其工作速度随负载的增加显著降低，特别是大型液压设备，这一现象尤为显著，速度一般与流量有关。

（2）欠速产生的原因

1）快速运动速度不够的原因。

① 液压泵的输出流量不够和输出压力不足。

② 因溢流阀的故障导致部分油液流回油箱。

③ 系统的内泄漏严重。

④ 快进时阻力大。例如导轨润滑断油或不足，安装过紧导致的摩擦力大等。

2）工作进给时，在负载下工进速度明显降低，即使开大调速阀故障依然存在。

① 系统在负载下，工作压力增高，泄漏增加，调好的速度因内外泄漏的增大而减少。

② 系统油温升高，泄漏增加，有效流量减少。

③ 液压系统设计不合理，当负载变化时，进入执行元件的流量也变化，引起速度的变化。

④ 油液中混有杂质，堵塞调速阀的节流口，造成工进速度降低，时堵时通，造成速度不稳。

⑤ 系统内进入空气。

⑥ 上述1）中存在的问题。

（3）欠速排除方法

1）检查液压泵输出流量和输出压力是否存在问题。

2）检查溢流阀是否存在问题。

3）适当减小导轨或执行元件的密封紧度。

4）检查油液的污染情况。

5）开机适当排除执行元件中的空气。

6）上述问题解决后仍然存在问题，就是执行元件或换向元件内泄漏严重，先更换换向阀，问题若仍存在，检修执行元件。

3. 液压系统常见故障的产生原因及排除方法（见表7-1～表7-6）

表7-1　液压系统无压力或压力低的原因及排除方法

产生原因		排除方法
液压泵	电动机转向错误	改变转向
	零件磨损、间隙过大、泄露严重	修复或更换零件
	油箱液面过低，液压泵吸空	补加油液
	吸油管路密封不严，造成吸空	检查管路，拧紧接头，加强密封
	压油管路密封不严，造成泄漏	检查管路，拧紧接头，加强密封
溢流阀	弹簧变形后折断	更换弹簧
	滑阀在开口位置卡住	修研滑阀使其移动灵活
	锥阀或钢球与阀座密封不严	更换锥阀或钢球，研配阀座
	阻尼孔堵塞	清洗阻尼孔
	远程控制口接回油箱	切断通油箱的油路
压力表损坏或失灵造成无压现象		更换压力表
液压阀卸荷		查明卸荷原因，采取相应措施
液压缸高低压腔相通		修配活塞，更换密封件
系统泄露		加强密封，防止泄露
油液黏度太低		提高油液黏度
温度过高，降低了油液黏度		查明发热原因，采取相应措施

表 7-2　运动部件换向有冲击或冲击大的原因及排除方法

产生原因		排除方法
液压缸	运动速度过快，没设置缓冲装置	设置缓冲装置
	缓冲装置中单向阀失灵	修理缓冲装置中的单向阀
	缓冲柱塞的间隙过小或过大	按要求修理，配置缓冲柱塞
	节流阀开口过大	调整节流阀开口
换向阀	换向阀的换向动作过快	控制换向速度
	液动阀的限尼器调整不当	调整阻尼器的节流口
	液动阀的控制流量过大	减小控制油的流量
压力阀	工作压力调整太高	调整压力阀，适当降低工作压力
	溢流阀发生故障，压力突然升高	排除溢流阀故障
	背压过低或没有设置背压阀	设置背压阀，适当提高背压力
垂直运动的液压缸没采取平衡措施		设置平衡阀
混入空气	系统密封不严	加强吸油管路密封
	停机时油液流空	防止元件油液流空
	液压泵吸空	补足油液，减小吸油阻力

表 7-3　运动部件爬行的原因及排除方法

产生原因		排除方法
系统负载刚度太低		改进回路设计
节流阀或调速阀流量不稳		选用流量稳定性好的流量阀
液压缸产生爬行	混入空气	排除空气
	运动密封件装配过紧	调整密封圈，使之松紧适当
	活塞杆与活塞不同轴	校正、修整或更换
	导向套与缸筒不同轴	修正调整
	活塞杆弯曲	校直活塞杆
	液压缸安装不良，中心线与导轨不平行	重新安装
	缸筒内径圆柱度超差	镗磨修复，重配活塞或增加密封件
	缸筒内孔锈蚀、毛刺	除去锈蚀、毛刺或重新镗磨
	活塞杆两端螺母拧得过紧，使其同轴度降低	略松螺母，使活塞杆处于自然状态
	活塞杆刚度差	加大活塞杆直径
	液压缸运动部件之间间隙过大	减小配合间隙
	导轨润滑不良	保持良好润滑
混入空气	油箱液面过低，吸油不畅	补加液压油
	过滤器堵塞	清洗过滤器
	吸、回油管相距太近	将吸、回油管远离
	回油管未插入油面以下	将回油管插入油面之下
	吸油管路密封不严，造成吸空	加强密封
	机械停止运动时，系统油液流空	设置背压阀或单向阀，防止油液流空

（续）

产生原因		排除方法
油液污染	油污卡住液动机，增加摩擦阻力	清洗液动机，更换油液，加强过滤
	油污堵塞节流孔，引起流量变化	清洗液动机，更换油液，加强过滤
油液黏度不适当		用指定黏度的液压油
导轨	托板楔铁或压板调整过紧	重新调整
	导轨精度不高，接触不良	按规定刮研导轨，保持良好接触
	润滑油不足或选用不当	改善润滑条件

表 7-4　液压系统发热、油温升高的原因及排除方法

产生原因	排除方法
液压系统设计不合理，压力损失过大，效率低	改进回路设计，采用变量泵或卸荷措施
工作压力过大	降低工作压力
泄漏严重，容积效率低	加强密封
管路太细而且弯曲，压力损失大	加大管径，缩短管路，使油流通畅
相对运动零件间的摩擦力过大	提高零件加工装配精度，减小运动摩擦力
油液黏度过大	选用黏度适当的液压油
油箱容积小，散热条件差	增大油箱容积，改善散热条件，设置冷却器
由外界热源引起温升	隔绝热源

表 7-5　液压系统产生泄漏的原因及排除方法

产生原因	排除方法
密封件磨损或装反	更换密封件，改正安装方向
管接头松动	拧紧管接头
单项阀阀芯磨损，阀座损坏	更换阀芯，配研阀座
相对运动零件磨损，间隙过大	更换磨损零件，减小配合间隙
某些铸件有气孔、砂眼等缺陷	更换铸件或维修缺陷
压力调整过高	降低工作压力
油液黏度太低	选用适当黏度的液压油
工作温度太高	降低工作温度或采取冷却措施

表 7-6　液压系统产生振动和噪声的原因及排除方法

产生原因	排除方法
液压泵本身或其油管路密封不良或密封圈损坏、漏气	拧紧泵的联接螺栓及管路各管螺母或更换密封元件
泵内零件卡死或损坏	修复或更换
泵与电动机联轴器不同心或松动	重新安装紧固
电动机振动，轴承磨损严重	更换轴承
油箱油量不足或泵吸油管过滤器堵塞，使泵吸空引起噪声	将油增加至油标处，或清洗过滤器
溢流阀阻尼孔被堵塞，阀座损坏或调压弹簧永久变形、损坏	可清洗、疏通阻尼孔，修复阀座或更换弹簧
电液换向阀动作失灵	修复换向阀
液压缸缓冲装置失灵造成液压冲击	进行检修和调整

7.4　学习任务应知考核

1. 填空题

（1）安装各种泵、阀时，必须注意各油口的位置，不能_____，各接口_____，密封可靠_____，不得_____或_____。

（2）泵的吸油高度一般不大于_____，在吸油管口处应设置过滤器，并有足够的送流能力，吸油管口和泵吸油口连接处应_____，提高吸油管的密封性。

（3）一般液压系统的调试分为_____试车和_____试车两步。

（4）液压系统的日常检查是在泵起动前、后和停止运转前检查：_____

_____

（5）一般液压设备油液的工作温度在_____较合理，最高不超过_____。

2. 问答题

（1）液压系统换油时，为什么要清洗系统？

（2）液压系统定期检查有哪些内容？

（3）控制液压油的工作温度有何意义？

（4）分析液压系统压力提不高的原因是什么？

（5）液压系统调试应如何进行？

（6）气压系统压力降过大的原因有哪些？

参考文献

［1］沈向东，李芝．液压与气动［M］．北京：机械工业出版社，2009.
［2］徐永生．液压与气动［M］．2 版．北京：高等教育出版社，2007.
［3］张忠狮．液压与气压传动［M］．南京：江苏科学技术出版社，2006.
［4］手嶋力．液压机构［M］．徐之梦，译．北京：机械工业出版社，2013.
［5］潘玉山．液压与气动［M］．北京：机械工业出版社，2006.
［6］潘玉山．气动与液压技术［M］．北京：机械工业出版社，2015.
［7］曹华．液压气动系统安装与调试［M］．上海：上海科学技术出版社，2016.